KB026995

집에서 외식

t

주현지

공대를 졸업하고 현재는 플랜트 엔지니어로 일하는 워킹맘. 사진 찍는 것과
요리하는 것을 좋아해 자신만의 요리 팁을 사람들과 나누고자 인스타그램을
시작했다.

인스타그램 @joo_filter

집에서 외식

외식하던 메뉴를
우리 집 식탁으로

———

주현지 지음

taste BOOKS

음식 관련 책을 쓰는 사람은 모두 비슷하리라 생각한다. 맛있는 걸 먹을 때 가장 행복한 사람, 그저 미식을 사랑하는 사람일 텐데 나 또한 그렇다. 추억의 노포에서 밥을 먹고 팬시한 미슐랭 레스토랑에서 행복해하는 것도 좋지만, 뜨거운 달걀프라이 하나에 김이 모락모락 나는 쌀밥만 있어도 너무 행복하다. 무엇보다 이런 소소한 행복을 아는 사람으로 키워주신 부모님께 감사드린다.

레시피를 공유할 때마다 "워킹맘인데 음식을 만들 시간이 있느냐", 그리고 "음식을 따로 배운 적이 있느냐"는 질문을 꾸준히 받는다. 이런 질문에 대한 내 대답은 항상 같다. "음식을 배운 적은 없어요. 그저 먹는 걸 워낙 좋아해서요." 하지만 요리 전공자가 아닌 내 책을 선뜻 사준 독자들을 위해 말하고 싶은 게 있다. "저는 맛있게 먹는 거 하나는 자신 있으니 제 레시피 한번 믿어보세요!"라고 말이다.

내가 먹는 것을 좋아하고 요리를 즐기는 것에 대해 곰곰히 생각해보면 자라온 환경을 빼놓을 수 없다. 미국과 유럽을 옆집 드나들듯 출장 다니던 아빠와 독일에서 오래 생활한 엄마 덕분에 어릴 때부터 외국 식문화를 자주 접했다. 비행기에서 겨우 눈을 붙일 정도로 바쁘던 아빠지만 주말이면 도우를 만들고 팔

뚝만 한 살라미를 넣어 피자를 구웠고, 양지육수를 내 냉면을 만들 정도로 요리를 좋아하셨다. 독주회 준비로, 대학교 강의로 늘 피아노 앞에서만 살았던 엄마는 명절이나 제사가 있을 때는 아무리 바빠도 밤 늦게까지 약식과 식혜를 정성스럽게 준비하셨다. 한밤에 배고프다고 칭얼대는 내게 디종머스터드를 바른 데친 소시지와 직접 구운 핫케이크를 주시며 2개를 같이 먹어야 단맛과 짠맛이 어울린다고 하셨던 기억이 지금도 선하다. 정말 바쁜 부모님이었지만 미식을 즐기는 것에는 늘 진심인 부분이 내게 유전되었으리라.

그리고 가장 중요한 나의 유년 시절, 늘 바쁜 부모님 때문에 고모와 외할머니께서 나를 10여 년간 키워주셨는데 어찌보면 이때의 애정 결핍(?)이 궁극적으로 먹는 것을 좋아하는 사람으로 만든 것 같다. 고모는 평생 주부로, 직업으로 음식을 만드셨고, 외할머니는 7남매의 엄마이자 맏언니로 궁중 요리부터 시작해 못하는 요리가 없었다. 자식보다 더 자식같이 키워주신 고모와 외할머니의 밥상은 매일이 상다리 휘어지는 9첩반상이었고 그 덕분에 미각이 발달했던 것 같다.

어느덧 내가 자식을 낳고 키워보니 부모님, 그리고 고모와 외할머니께서 주신 내리사랑과 깊고 다양한 음식 문화를 집에서 배울 수 있었음에 어찌나 감사한지 모른다. 초등학교 6학년 때부터 패밀리레스토랑의 스테이크는 어떻게 굽는지 궁금해서 집에서 수없이 구워봤고, 대학교 때는 깊은 맛의 라구를 만들고 싶어 세상 레시피를 다 찾았던 기억이 스친다. 처음 접하는 음식을 만들 때는 세상 레시피를 다 봐야 하는 성격 때문에 참 많은 공부를 했다. 천 개의 레시피를 봐도 조금씩 다른 점이 있어 참 재밌고 즐거웠다. 내 생각대로 조합하니 더 맛있어서 놀랐던 기억도 스친다.

언제부턴가 음식을 만들 때 어떤 브랜드의 재료를 쓰고 어떤 과정이 중요한지, 만들면서 어떤 실수를 했는지를 기록하고 싶었다. 이런 이유로 나만의 레시피 노트를 시작했고 그것이 쌓여 인스타그램의 콘텐츠가 만들어졌다. 많은 사람은 아니지만 작게나마 공유를 하며 내가 알고 있는 것을 조금씩 알려주는 것이 진심으로 즐거웠다. 결론만 얘기하면 나는 운좋게 미식가 집안에서 태어나 요리를 공부하는 것을 좋아하고, 맛있는 요리를 알려주는 것이 행복한 사람이라는 것이다.

어릴 때는 피아니스트인 엄마처럼 음악인의 길을 걸으려 했고, 또 어찌하다 공대를 졸업해 그저 일개미처럼 살고 있는 내가 요리책을 내게 된 것은 어느 날 문득 요정이 찾아온 것과 같이 놀라운 일이다. 어쩌면 그 요정은 미식의 기쁨을 나누고 싶었던 내 마음이 부른 것일지도 모른다.

멋쩍은 프롤로그에 감사라는 말이 많이 들어간 것 같지만 아직 부족하다. 늘 묵묵히 옆에서 지지해주는 나의 왕자 남편, 종모 오빠 감사해요.

그리고 〈집에서 외식〉을 펼치는 여러분과 저에게, 언젠가 엄마의 책을 읽어볼 사랑하는 딸 수안이에게 이 책을 감사히 바칩니다.

CONTENTS

PART 1

유명 맛집 메뉴

트럭에서 파는 전기구이 통닭과 갓 만든 기름진 짜장면 등은 화려하지는 않지만 집에서는 맛내기 어려웠던 음식입니다. 나이가 들며 샹들리에 아래에서 먹는 팬시한 스테이크도 좋지만 점점 포근하고 정겨운 메뉴를 찾게 됩니다. 한국 사람이라 그렇겠죠. 이 파트에서는 화려하지는 않지만 따뜻하고 정겨운 맛집 메뉴를 소개합니다. 하지만 꼭 맛집 메뉴라고만 말할 수는 없어요. 왜냐하면 앞으로는 우리 집의 시그니처 메뉴가 될 수도 있으니까요.

소금구이등갈비

| 2~3인 |

몇 해 전 처음으로 소금구이등갈비를 먹었는데 그 맛을 잊지 못했어요. 초벌한 등갈비를 장갑 끼고 쪽쪽 뜯어 먹는 맛이란. 그래서 등갈비로 흔하게 만드는 바비큐립 대신 소금구이등갈비을 만들어봤어요. 부드럽게 익어서 뼈에서 쏙 빠지는 짭짤한 맛이 정말 맛있어요. 어른도 아이도 누구나 좋아하는 요리입니다.

Ingredient	돼지고기 등갈비 1.2~1.8kg, 양파 ½~1개, 마늘 8~9쪽, 생강 2톨(또는 생강가루 2작은술), 청주(소주) 4큰술, 맛술 3큰술, 설탕 ½큰술, 에스프레소 1샷(또는 인스턴트블랙커피 1큰술), 월계수잎 3~4장, 통후추 1큰술, 소금 1작은술, 올리브유 적당량, 참기름 적당량, 레몬페퍼 적당량
	소스1 | 프랭크스 레드핫 윙 버팔로 2큰술
	소스2 | 참소스 2큰술, 식초 1큰술

Recipe	
1	양파는 4등분하고 마늘은 반으로 자른다.
2	등갈비를 압력솥에 넣는다.
3	양파, 마늘, 생강, 청주, 맛술, 설탕, 에스프레소, 월계수잎, 통후추를 넣는다.
4	등갈비가 잠기도록 끓는 물을 붓고 센불로 삶는다.
5	압력솥의 추가 돌아가고 10~12분 정도 지나 불을 끈 뒤 추를 젖혀 김을 뺀다.
6	등갈비를 꺼내 바로 오븐 팬에 넣고 하나씩 자른 뒤 올리브유와 참기름을 붓는다.
7	비닐장갑을 끼고 올리브유와 참기름을 손으로 골고루 문지른 뒤 오븐 브로일 모드에서 앞뒤로 각각 3분 정도, 총 6~7분 정도 굽는다.
	• 오븐에 브로일 모드가 없다면 생선구이 모드로 굽고 그도 없다면 230℃로 앞뒤를 살짝 굽는다.
8	오븐에서 꺼내고 토치로 겉면을 골고루 그을린다.
9	레몬페퍼를 듬뿍 뿌리고 소금으로 간한다.
10	소스는 2가지를 만들어 곁들인다.
	• 소스1(외국맛, 젊은 입맛): 프랭크스 레드핫 윙 버팔로 적당량
	• 소스2(한국맛, 어른 입맛): 참소스+식초(2:1 비율)
	참소스 대신 맛간장+물+식초(1:1:1비율)나 유즈폰즈, 유즈코쇼 등 취향에 맞춰 찍어 먹어도 맛있다.

- 등갈비는 핏물을 빼지 않아도 됩니다.

- 맛술은 생략 가능하지만 다른 재료는 생략하지 않는 것이 좋습니다.

- 추가 돌아가고 10분 더 삶으면 뜯어 먹을 수 있을 정도로 부드럽고 12분 더 삶으면 갈빗대가 쏙 빠질 정도로 부드러워져요. 12분 이상 삶으면 고기가 녹아버리니 주의하세요. 추를 젖혀 김을 빼지 않으면 고기가 더 익어버리니 꼭 바로 김을 뺍니다.

- 압력솥이 없으면 일반 냄비에서 40분 정도 끓이고 고기가 갈빗대에서 떼어지지는 않지만 충분히 부드러워졌을 때 꺼냅니다.

- 참기름을 바르면 참기름 향은 나지 않으면서 돼지고기의 잡내는 없어집니다. 올리브유와 섞어 쓰면 맛과 향이 더 고급스러워져요.

- 삶을 때 간을 하지 않았기 때문에 싱거운 편이니 소금으로 짭짤하게 간합니다. 레몬페퍼가 없으면 통후추나 삼색 통후추를 넣어도 충분히 맛있습니다.

트럭 스타일 통닭구이

| 2~3인 |

저는 구운 통닭을 무척 좋아해요. 그래서 오븐에서, 팬에서 오렌지, 레몬, 머스터드, 로즈메리 등을 넣고 수많은 레시피로 통닭구이를 만들었지만 항상 무언가가 부족했어요. 이제야 알았습니다. 갈색 봉투나 쿠킹포일에 싸인 기름진 그 통닭의 맛에는 '배 속에 고이 들어간 찹쌀'이 중요하다는 것을요. 닭 기름이 살포시 스며든 찹쌀밥의 맛은 언제나 추억에 빠지게 합니다. 시간이 조금 걸릴 뿐 무척 간단한 레시피이니 꼭 한번 도전해 보세요.

| Ingredient | 닭 800~1kg, 찹쌀 200ml, 물 250ml, 한방약재키트(닭백숙용) 1팩, 마늘 2쪽, 어니언솔트(트레이더 조) 적당량, 시즈닝솔트(제인 크레이지) 적당량, 레몬즙 적당량, 올리브유 적당량, 참기름 약간, 식용유 약간, 소금 약간 |
| | 오이갈릭마요소스 \| 오이 다진 것 ¼개 분량, 마늘 다진 것 2쪽 분량, 레몬즙 1작은술, 설탕 ½작은술, 마요네즈 적당량, 생강가루 약간, 소금 약간, 후추 약간 |

Recipe

1 닭을 잘 씻고 꽁지를 제거한 뒤 어니언솔트, 시즈닝솔트를 뿌린다.

2 올리브유를 듬뿍 뿌리고 잘 문지른다.

3 찹쌀을 씻어서 냄비에 넣고 물, 마늘, 어니언솔트, 올리브유, 참기름을 넣어 섞는다.

4 한방약재키트를 넣고 약불로 20분 정도 밥을 짓는다. 찹쌀밥은 조금 질게 짓는다.

5 닭 배 안에 찹쌀밥을 터져나올 정도로 꾹꾹 눌러 담는다.

6 닭고기에 앞뒤로 식용유를 바르고 골고루 문지른다.

7 배쪽 부분이 위를 향하게 오븐 팬에 올리고 쿠킹포일을 덮은 뒤 170℃로 예열한 오븐에서 30분 정도 굽는다.

8 쿠킹포일을 벗기고 레몬즙을 골고루 바른 뒤 180℃에서 25분 정도 더 굽고 닭 껍질색을 보며 브로일 모드에서 앞뒤 돌려가며 25~30분 정도 더 굽는다.

9 분량의 오이갈릭마요소스 재료를 골고루 섞고 잘 구운 통닭구이에 소금과 함께 곁들인다.

• 이 레시피의 장점은 전날이나 몇 시간 전에 미리 마리네이드하지 않아도 된다는 것입니다. 마트에서 흔히 파는 허브솔트, 스테이크 마리네이드용 시즈닝솔트로 조금 짜다고 느낄 정도로 간을 해주세요.

• 닭을 구울 때 레몬즙을 바르면 껍질이 더 바삭바삭해지고 감칠맛이 돕니다. 그릴에 올려서 구우면 기름기도 잘 빠져요.

• 닭을 오븐에서 구울 때는 최소 1시간 10분 이상 구워야 기름이 빠지고 껍질도 바삭바삭해집니다. 브로일 모드가 없다면 생선구이 모드로 구워주세요.

들기름막국수

| 1인 |

지금은 인스턴트 제품까지 나올 정도로 유명해진 들기름막국수는 용인 고기리의 어느 식당에서 시작한 요리로 어느 맛집을 가더라도 줄을 서서 먹을 정도로 인기 메뉴입니다. 하지만 집에서도 식당 못지않게 맛있게 만들 수 있어요. 툭툭 끊어지는 메밀면과 꼬들꼬들한 오이, 쌉싸름한 무순은 들기름과 정말 찰떡 궁합입니다. 고기 요리에 곁들여도 좋고 아이들도 좋아하는 맛이에요. 요즘은 100% 메밀면을 쉽게 구매할 수 있으니 건강한 메밀면과 들깨로 맛있는 국수를 만들어보세요.

Ingredient	메밀면(100% 메밀) 1인분, 쪽파 잘게 썬 것 1큰술, 들깨 볶은 것 2큰술, 들기름 2큰술, 무순 약

간, 김가루 약간, 실고추 약간, 깨 간 것 약간

오이절임 | 오이 1개, 식초 2큰술, 맛소금 1큰술, 설탕 1큰술

양념장 | 깨 1큰술, 깨 간 것 1큰술, 들기름 3큰술, 맛간장 2큰술, 맛소금 1작은술

Recipe

1 오이는 가로로 얇게 슬라이스하고 2등분한다.

2 오이에 맛소금, 설탕을 뿌리고 20분 정도 절인다.

3 분량의 재료를 골고루 섞어 양념장을 만든다. 맛간장이 없으면 양조간장에 설탕을 약간 넣어 사용한다.

4 끓는 물에 메밀면을 넣고 3분 정도 삶은 뒤 찬물에 헹군다.

5 **2**의 오이에 물을 넉넉히 부어 헹구고 물기를 손으로 꼭 짠 뒤 식초를 넣고 무친다.

6 메밀면을 젓가락으로 말아 그릇에 담고 **3**의 양념장을 붓는다.

7 쪽파, 무순, 들깨, 김가루를 올리고 메밀면 위에 들기름을 뿌린 뒤 **5**의 오이절임 ½ 분량을 가지런히 올리고 깨 간 것과 실고추를 뿌린다.

• 오이절임의 양은 2인분 기준입니다.

• 반 정도 먹었을 때 시판 냉면국물이나 동치미국물을 넣어도 맛있습니다.

• 들깨는 꼭 볶은 것을 사용하세요. 가루를 사용하지 말고 통깨를 넣어주세요.

• 들기름은 과할 정도로 넉넉히 뿌려야 맛있습니다.

• 김가루는 조미하지 않은 김을 믹서에 곱게 갈아 사용합니다.

고기찜

| 2~3인 |

원래 샤브샤브나 편백찜(세이로무시)을 무척 좋아하는데, 멋진 편백찜기가 없어도 집에서 냄비로 식당에서 파는 편백찜 스타일로 맛있게 만들 수 있다는 것을 알게 됐습니다. 차돌박이를 넣거나 대패삼겹살로 만드는데 2가지 모두 놓칠 수 없죠. 10분이면 완성할 수 있고 간단한 과정에 비해 훨씬 더 행복한 맛입니다. 다 먹고 난 뒤에는 된장국수를 끓여 먹을 수 있어 더 좋아요.

숙주 150g, 물 5큰술

차돌박이찜 | 차돌박이 300g, 팽이버섯 ½봉, 부추 70g, 깻잎 30g

대패삼겹살찜 | 대패삼겹살 200g, 미나리 70g, 팽이버섯 ½봉

된장국수 | 생칼국수면 2인분, 마늘 간 것 1작은술, 해선간장 1~2큰술, 된장 ½큰술, 물 600~700ml, 고춧가루 약간

소스1 | 참깨드레싱 적당량, 깨 간 것 약간

소스2 | 참소스 적당량(맛간장+물+식초=1:1:1 비율로 섞어 대체 가능)

1 부추는 7~8cm 길이로 자른다.

2 차돌박이 위에 깻잎, 팽이버섯, 부추를 올리고 돌돌 만다.

3 대패삼겹살 위에 팽이버섯, 미나리를 올리고 돌돌 만다.

4 큰 냄비에 숙주를 깐다.

5 2와 3을 2단으로 쌓는다.

6 물을 넣고 뚜껑을 덮은 뒤 강불로 끓인다.

7 김이 올라오면 불을 줄이고 약불에서 5~10분 정도 더 익힌다. 고기가 익으면 바로 불을 끈다.

- 잘 익은 숙주를 곁들이고 소스1이나 소스2에 찍어 먹는다.
- 다 먹고 나면 냄비에 숙주를 살짝 남기고 된장, 물, 마늘, 해선간장, 고춧가루를 넣은 뒤 칼국수를 넣고 칼국수가 익을 때까지 끓인다.

- 스팀의 역할을 위해 물을 붓는 것이므로 숙주 위에 물을 5큰술 이상 넣지 않도록 합니다.
- 상에 낼 때 소스는 2가지를 모두 준비해주세요. 번갈아 찍어 먹으면 더 맛있습니다.

돼지고기김치찜

| 2~3인 |

김치찌개를 먹을 때면 김치는 남기고 돼지고기만 골라 먹는 집에 추천하는 레시피입니다. 김치는 그 자체로도 양념이 많아서 다른 양념을 할수록 맛있는 집밥의 맛, 노포의 추억이 서린 맛과는 멀어집니다. 깊은 맛을 낼 수 있도록 양념을 줄이고 찌개에 잘 어울리는 돼지고기 앞다리살을 넣어 더 맛있게 만들어보세요.

| Ingredient | 돼지고기 앞다리살(보쌈용) 500g, 묵은지 300g(¼포기), 사골국물 250ml, 설탕 1큰술, 된장 1큰술 |

Recipe	
	1 돼지고기를 2cm 두께로 자른다.
	2 묵은지는 양념을 털어내고 살짝 씻은 뒤 건진다.
	3 묵은지에 돼지고기를 올리고 돌돌 만다.
	4 냄비에 차곡차곡 넣는다.
	5 사골국물에 설탕과 된장을 풀고 섞는다.
	6 **4**의 냄비에 붓는다.
	7 중약불에서 뚜껑을 덮은 상태로 30~40분 정도 끓인다.

- 묵은지를 너무 많이 씻으면 김치찜이 하얗게 되니 흐르는 물에 3초 정도만 씻어주세요.

- 압력솥에서 끓인다면 추가 도는 소리가 난 뒤 11~12분 정도 더 끓이고 불을 끈 뒤 추를 젖혀 김을 뺍니다. 더 익히면 고기가 녹아버리니 주의하세요.

- 덜어 먹을 때 한덩어리를 십자 모양으로 잘라서 먹으면 편합니다.

꼬막비빔밥

| 2~3인 |

강릉 한 식당의 꼬막비빔밥이 유명해지기 전부터 꼬막을 무척 좋아했어요. 지금도 가끔씩 배달시키지만 좋은 꼬막만 있다면 집에서 만들어 먹는 게 제일 맛있습니다. 참기름을 듬뿍 넣어 무척 고소하고 간간히 씹히는 고추와 꼬막의 감칠맛이 어우러져 입맛 없을 때도 맛있게 먹을 수 있어요.

Ingredient	꼬막 500g~1kg, 청주 2큰술, 밥 2공기, 풋고추 2개, 부추 적당량, 깨 약간
	양념장 ┃ 마늘 간 것 5쪽 분량, 참기름 5큰술, 통깨 3큰술, 맛간장 2~3큰술, 삼게액젓 1큰술,
	고춧가루 ½~1큰술

Recipe	**1** 꼬막을 해감하고 10번 정도 달그락거리며 잘 씻는다(p.210 참고).
	2 끓는 물에 꼬막을 넣고 청주를 두른 뒤 한 방향으로만 저으면서 데친다.
	3 분량의 재료를 골고루 섞어 양념장을 만든다.
	4 꼬막은 껍질을 제거하고 **3**의 양념장과 잘 섞는다.
	5 풋고추는 송송 썬다.
	6 부추를 1.5cm 길이로 썬다.
	7 **4**에 밥과 풋고추를 넣고 잘 섞는다.
	8 부추를 넣고 잘 비빈 뒤 깨를 뿌린다.

- 꼬막을 삶을 때 몇 개 정도 입을 벌리기 시작하면 바로 불을 끄고 체에 밭칩니다. 너무 오래 삶으면 육즙이 빠져서 쪼그라들게 되니 주의합니다. 물에 헹구면 단맛이 빠지니 그대로 씁니다.
- 고추는 풋고추를 사용하고 매운 것을 좋아한다면 청양고추를 넣어주세요.
- 참기름은 5큰술 이상 넣어주세요. 통깨도 듬뿍 넣을수록 맛있습니다. 꼬막 1kg이라면 밥은 2½공기가 적당합니다. 간을 보고 싱거우면 맛소금으로 간합니다.
- 부추는 양념장을 만들 때 넣으면 으스러지니 꼭 나중에 넣어주세요.

짜장면

| 4~5인 |

집에서 맛을 내기 어려운 요리 중 하나가 짜장면입니다. 흔히 집에서 먹는 짜장면이라 하면 급식 단골 메뉴였던 싱거운 짜장밥이나 인스턴트 짜장면이 생각날 거예요. 2020년, 집에서 많은 시간을 보내면서 짜장면에 대해 다시 공부하게 되었습니다. 식당 짜장면의 가장 중요한 점은 화력, 기름, 설탕입니다. 식용유가 정말 많이 들어가고, 설탕도 많이 들어가요. 모자란 화력은 토치로 대신합니다. 이 3가지의 조합만으로 집에서도 사 먹는 짜장면의 맛을 느낄 수 있어요.

Ingredient	생 짜장면(또는 도삭면) 4~5인분, 돼지고기 다진 것 300g, 파 다진 것 2대 분량, 양파 1개, 애호박 ½개, 양배추 ¼~⅓개, 양송이버섯 2개, 표고버섯 3개, 감자 1개, 해선간장(또는 굴소스) 2~3큰술, 맛술 2큰술, 튀긴 춘장 1½큰술, 설탕 1큰술, 생강가루 1½작은술, 포도씨유 적당량, 순후추 약간, 소금 약간
	전분물 │ 감자전분 ½큰술, 차가운 물 100ml
	튀긴 춘장 │ 춘장(신송) 200g, 포도씨유 200ml

Recipe	
1	큰 냄비에 춘장을 넣고 완전히 잠기도록 포도씨유를 2~3cm 정도 부은 뒤 고소한 향이 날 때까지 뒤적거리며 기포가 올라올 정도의 약불에서 15분 이상 튀긴다.
2	양파, 애호박, 양배추, 양송이버섯, 표고버섯, 감자를 잘게 깍둑썰기한다.
3	튀긴 춘장을 잘 긁어서 따로 두고 **1**의 냄비에 포도씨유를 2cm 정도 높이로 부은 뒤 파를 넣고 볶는다.
4	파 향이 올라오면 돼지고기를 넣고 해선간장, 맛술, 설탕, 생강가루, 순후추를 넣은 뒤 고기의 겉면이 익을 정도로 볶는다.
5	**2**의 채소를 조금씩만 남겨두고 모두 넣어 볶는다.
6	채소가 어느 정도 익으면 토치로 골고루 익힌다.
7	불 향이 나면 튀긴 춘상을 넣고 볶은 뒤 한번 더 토치로 익힌다. 이때 모든 재료를 튀기듯 볶아야 하니 춘장이 자작하게 잠길 정도로 포도씨유를 붓는다. 모자라면 더 보충한다.
8	식감을 내기 위해 남겨뒀던 채소를 모두 넣고 볶는다.
9	전분물을 넣고 끓인다.
10	채소가 다 익을 때쯤 마지막으로 토치로 익히고 간을 본 뒤 소금을 더한다.
11	생 짜장면을 잘 삶은 뒤 위에 짜장을 붓는다.

• 돼지고기는 지방이 어느 정도 섞인 부위가 좋습니다.

• 춘장을 15분 정도 튀기면 콩의 비릿한 냄새가 없어집니다. 잘 뒤적거려야 바닥이 타지 않아요.

• 돼지고기를 볶을 때는 생강가루를 듬뿍 넣습니다. 생강가루가 없다면 생강을 아주 곱게 다져서 넣어도 됩니다.

• 신송 춘장은 무척 짜기 때문에 1~2큰술이면 충분합니다. 신송 춘장을 사용하면 식당 맛이 나기에 이 제품을 추천합니다.

• 튀긴 춘장이 남았으면 공기가 닿지 않도록 밀폐 용기에 넣고 냉동실에 보관하세요.

• 면을 삶아서 찬물에 전분을 헹군 뒤 뜨거운 물에 토렴해 주세요. 면이 탱글하고 따뜻해서 더 맛있습니다.

모둠튀김

| 2~3인 |

'신발을 튀겨도 맛있다'는 말이 있듯 튀김은 다 맛있습니다. 하지만 집에서는 튀김을 만들기가 무척 번거롭죠. 코로나로 집에 있는 시간이 많아져서 이것저것 만들던 중 튀김에 빠져 뭐든 열심히 튀겨보았고 의외로 튀김이 어렵지 않다는 걸 알게 되었어요. 튀김을 잘 만드는 몇 가지 포인트만 알면 누구나 쉽게 만들 수 있습니다.

Ingredient

흰다리새우 손질한 것 7개, 표고버섯 2개, 양파 슬라이스 2개, 단호박 ⅙개, 두꺼운 김 ½장, 밀가루(박력분 또는 다목적) 적당량, 포도씨유 적당량

덴쯔유 | 생강 저민 것 1톨 분량, 대파 흰 부분 7~8cm 1개, 물 150ml, 설탕 1½큰술, 양조간장 3큰술, 쯔유 1큰술, 무 간 것 약간, 쪽파 다진 것 약간, 와사비 약간

튀김 반죽 | 튀김가루 8큰술, 탄산수 190ml, 얼음 3개

Recipe

1 표고버섯은 먹기 좋게 2등분하고 단호박은 웨지 모양으로 자른다. 흰다리새우는 씻은 뒤 키친타올로 물기를 빼고 김은 2등분하고 양파는 꼬치에 꿴다.

2 1의 재료에 밀가루를 골고루 묻힌다.

3 차가운 탄산수에 얼음을 넣고 튀김가루를 넣은 뒤 젓가락으로 대충 섞는다. 농도는 묽은 정도가 좋고 튀김가루에 따라 농도가 달라지기 때문에 너무 묽다면 튀김가루를 1큰술 더 추가한다.

4 팬에 포도씨유를 넉넉히 부어 온도를 올리고 튀김 반죽을 1~2방울 떨어뜨렸을 때 바로 떠오를 정도로 끓으면 강불로 올린다.

5 흰다리새우에 3의 튀김 반죽을 묻히고 밀듯이 팬에 넣고 채소도 튀김 반죽을 묻히고 넣은 뒤 2~3분이 지나면 중불로 줄인다.

6 튀김 재료를 모두 넣고 빠르게 손에 반죽을 묻혀서 팬에 흩뿌리듯 3~6번 정도 넣고 튀김을 뒤적거려 반죽 부스러기를 묻힌다.

7 채소튀김을 젓가락으로 툭툭 쳤을 때 나무처럼 단단하고 새우튀김을 젓가락으로 살짝 잡았을 때 딱딱하면 다 익었으니 꺼낸다.

8 튀김을 다 꺼낸 뒤 밀가루를 묻히지 않고 한쪽만 튀김 반죽에 담근 김을 넣어 튀긴다. 마찬가지로 손에 반죽을 묻히고 팬에 흩뿌리듯 3~6번 정도 넣은 뒤 튀김을 뒤적거려 반죽 부스러기를 묻힌다.

9 물, 설탕, 양조간장, 쯔유를 냄비에 넣고 생강, 대파를 넣은 뒤 한소끔 끓이고 식혀서 거른다. 쪽파를 올리고 덴쯔유를 튀김에 곁들인다.

• 취향에 따라 무, 와사비를 같이 낸다.

1

• 튀김은 반죽의 온도가 중요합니다. 뜨거운 기름과 온도차가 많이 날수록 더 바삭해져요. 물 대신 차가운 탄산수를 사용하면 반죽에 기포가 생겨 더 바삭합니다. 얼음은 3개 이상 넣지 않는 것이 좋아요. 얼음을 많이 넣으면 반죽이 계속 묽어지기 때문에 농도가 균일한 튀김옷을 입히기 어려워요.

• 튀김 반죽은 휘저으면 안 됩니다. 젓는 순간부터 글루텐이 생성돼 찰기가 생기고 바삭해지지 않으니 날가루가 보일 만큼 대충 섞어주세요.

• 튀김에 가장 좋은 온도는 170~180℃라고 합니다. 온도계가 없다면 기름을 끓이고 반죽을 1~2방울 떨어뜨렸을 때 바로 떠올라야 좋은 온도입니다. 튀김기가 있으면 좋지만 크기가 넉넉하고 두꺼운 주물 냄비도 튀김을 만들기 좋습니다. 주물은 온도가 쉽게 올라가거나 떨어지지 않고 일정한 온도로 잘 유지돼요. 깊은 냄비를 사용하면 주변에 기름이 덜 튑니다.

• 튀길 때 공기 중에 꺼냈다가 다시 넣어 튀기면 수분이 증발해 더 바삭해집니다. 꼭 건져놓지 않고 들었다 놔도 괜찮습니다.

• 새우튀김을 만들 때는 손질이 된 튀김용 새우를 쓰지만 통새우가 있다면 껍질을 벗기고 내장을 빼내 꼬리만 남긴 뒤 앞뒤로 칼집을 내고 손으로 꾹꾹 누른 다음 사용합니다. 근육을 끊어주면 휘지 않는 일자 모양의 새우튀김을 만들 수 있습니다.

어향가지튀김

| 2~3인 |

중국집이나 양꼬치집에서 흔히 볼 수 있는 튀김입니다. 새콤하고 달콤하고 짭짤한 소스가 묻은 바삭한 가지 튀김을 베어 물면 가지와 소스가 섞인 그 맛엔 당해낼 사람이 없을 거예요. 누구나 좋아하게 될 맛이죠. 생각보다 간단하고 쉬워서 더 좋은 요리입니다.

Ingredient	가지 2개, 표고버섯 2개, 감자전분 2큰술, 쪽파 초록 부분 다진 것 약간, 포도씨유 적당량
	튀김 반죽 | 탄산수 190ml, 튀김가루 9큰술, 얼음 2개
	소스 | 돼지고기 다짐육(또는 채 썬 것) 1큰술, 양파 다진 것 ¼개 분량, 마늘 다진 것 1쪽 분량, 양조식초 2큰술, 해선간장 2큰술, 설탕 1큰술, 맛술 1큰술, 두반장 ½큰술, 생강가루 ½작은술, 쪽파 흰 부분 다진 것 약간, 순후추 약간, 식용유 약간
	전분물 | 감자전분 1큰술, 차가운 물 150ml

Recipe

1 가지는 7~8cm 길이로 길게 썰고 표고버섯은 4등분한다.

2 가지를 비닐에 넣고 감자전분을 넣은 뒤 잘 흔들어 섞는다.

3 팬에 식용유를 두르고 소스용 양파, 쪽파를 넣은 뒤 볶아서 향을 낸다.

4 돼지고기, 해선간장, 설탕, 맛술, 두반장, 생강가루, 순후추를 넣고 볶는다.

5 전분물을 붓고 농도가 잡히면 불을 끄기 직전에 마늘, 양조식초를 넣은 뒤 잘 섞는다.

6 큰 볼에 탄산수와 얼음, 튀김가루를 넣고 대충 섞은 뒤 가지를 넣어 반죽을 묻힌다.

7 튀김용 냄비에 포도씨유를 넣고 끓인 뒤 가지를 넣고 튀긴다.

8 가지튀김이 딱딱해지면 다 익은 것이니 건져서 기름을 뺀다.

9 잘 튀긴 가지튀김을 5의 소스에 넣고 대충 섞은 뒤 쪽파를 뿌린다.

- 어향가지튀김은 튀김옷이 너무 얇으면 맛이 없습니다. 튀김옷은 적당히 두껍게 만듭니다.

- 가지튀김을 따뜻한 어향가지소스에 넣고 대충 섞습니다. 계속 가열하거나 너무 열심히 섞어 소스가 많이 묻으면 눅눅해집니다.

매운 소갈비찜

| 2~3인 |

스무 살 때쯤 매운 양념을 묻힌 갈비찜이 TV에 나온 적이 있어요. 지금은 흔한 요리지만 당시에는 드물었고 너무 먹어보고 싶었어요. 그래서 직접 만들어보았고 맛있어서 깜짝 놀랐던 기억이 납니다. 아기가 태어나고 나서는 매운 갈비찜을 가족이 함께 먹을 수 없어 덜 맵게 만든 뒤 아이 것을 따로 두고 매운 양념을 넣어서 어른 것을 만들었어요. 2가지 갈비찜을 할 수 있어 취향에 따라 먹기도 좋을 거예요.

Ingredient	갈비(소고기) 1kg, 감자 3개, 표고버섯 5개, 당근 다진 것 1½큰술, 건고추 3~4개, 파 7~8cm
	길이로 썬 것 1대 분량, 마늘 간 것 2~3큰술, 고춧가루 2큰술, 청주 2큰술, 물 400ml
	양념 ┃ 양파 1개, 배즙 1팩(또는 배 1개 분량), 사과즙 1팩(또는 작은 사과 1개 분량), 골드키위
	1개, 마늘 간 것 3쪽 분량, 양조간장(샘표 501) 10큰술, 맛술 2큰술, 물엿 2큰술, 설탕 1큰술,
	통후추 간 것 1작은술

Recipe	
1	갈비는 2시간 이상 핏물을 뺀다.
2	끓는 물과 청주를 냄비에 붓고 갈비를 넣어 2분 정도 삶은 뒤 찬물에 씻고 건진다.
3	양파, 배즙, 사과즙, 골드키위를 푸드프로세서로 간다.
4	볼에 **3**과 마늘, 양조간장, 맛술, 물엿, 설탕, 통후추를 넣고 골고루 섞어 양념을 만든다.
5	갈비에 **4**의 양념을 붓고 자작하게 잠길 정도로 물을 부은 뒤 4~6시간 정도 재운다.
6	**5**의 갈비, 당근을 압력솥에 넣어 삶는다. 추가 돌기 시작하면 8분 뒤 불을 끄고 압력이 낮아질 때까지 김을 빼지 말고 뜸을 들인다.
7	밥 1공기 정도의 국물을 덜어낸다.
8	감자와 표고버섯은 모서리를 둥글게 썰어 압력솥에 넣고 뚜껑을 연 상태로 15분 정도 중약불에서 조린다.
9	건고추, 파, 마늘, 고춧가루를 넣고 조금 더 조린다. 외식의 맛을 느끼고 싶으면 미원을 ½작은술 넣는다.

- 갈비찜을 만들 때 기름을 걷어내면 윤기가 사라지고 갈비 향이 나지 않아요.
- 취향에 따라 불린 당면이나 불린 떡을 넣어도 좋습니다.
- 과정 8까지가 맵지 않은 일반 갈비찜입니다.
- 건고추를 넣으면 매콤하고 좋은 향이 납니다.
- 만들고 다음 날 먹으면 숙성돼서 더 맛있습니다.
- 양념을 붓고 소고기를 재울 때 6시간이 넘으면 고기가 퍽퍽해집니다. 시간을 지키기 어렵다면 재우지 말고 바로 압력솥에 조리한 뒤 뚜껑을 열고 더 오래 조립니다.
- 갈비찜은 사과, 배, 골드키위를 넣어야 맛있습니다. 재료가 없다면 시판 소갈비양념을 200ml 정도 섞어서 사용하세요.
- 갈비찜의 당근은 생략하면 맛이 떨어집니다. 당근 다진 것을 꼭 넣어주세요.

솥 밥 의   정 석

저는 솥밥을 참 좋아합니다. 원래 맛있는 밥에 반찬 하나만 곁들인 것도 좋아하지만 고슬고슬 살아 있는 밥알과 맛있는 고명 덕분에 반찬이 없어도 완벽한 솥밥이라니, 좋아하지 않을 수 없어요. 저는 솥밥과 소스의 조화를 무척 중요하게 생각합니다. 그래서 이 파트에서 소개하는 솥밥은 양념을 한꺼번에 뿌려서 비벼 먹지 말고 한입에 조금씩 올려 먹어야 맛있어요. 솥밥을 어렵게 생각하는 분들이 많습니다. 딱 하나만 기억하면 돼요. 재료를 넣고 뚜껑을 닫고 중불로 10분 정도 보글보글 끓입니다. 한소끔 끓어오르면 꺼질 듯 말 듯할 정도로 불을 최대한 낮추고 20분 정도 더 익히면 끝이에요. 물은 약간 부족한 듯 넣으면 좋아요. 밥이 다 되었는데도 너무 고슬하면 물을 조금 두르고 5~10분 정도만 더 끓이면 됩니다. 쉽고 맛있는 솥밥, 우리 같이 먹어요!

옥수수곰탕솥밥과 들기름장

| 2~3인 |

어느 여름날 스지무침이 먹고 싶어 곰탕을 끓이다가 물 대신 곰탕으로 밥을 하면 얼마나 맛있을까 하고 만들어본 옥수수곰탕솥밥입니다. 옥수수만 넣고 솥밥을 만들어도 맛있는데, 곰탕을 국물로 사용하고 곰탕 고기까지 올려놓으니 어느 솥밥 맛집의 시그니처 같은 요리가 되었습니다. 솥밥은 많은 수고가 들지 않아도 밥 자체로 맛있지만, 조금 더 섬세하게 풀어내도 참 맛있는 것 같아요.

Ingredient	쌀 350ml, 곰탕 국물 340ml, 초당옥수수 익힌 것 1개, 완두콩 50g, 고기고명(소꼬리, 사태 등) 150g, 버터 1큰술
	들기름장	맛간장 8큰술, 물 4큰술, 레몬즙 1큰술, 생 들기름 2큰술

Recipe	1 완두콩은 씻어서 물기를 뺀다.
	2 옥수수는 칼로 대와 알을 분리한다.
	3 곰탕은 국물과 고기를 따로 분리한다.
	• 집에서 끓인 것을 사용해도 되고 시판 제품을 이용해도 된다.
	4 쌀을 잘 씻고 솥에 넣는다.
	5 옥수숫대와 옥수수알을 같이 넣고 완두콩을 올린다.
	6 곰탕 국물로 자작하게 밥물을 잡고 중강불에서 10분 정도 끓이다가 최대한 약한 불에서 15분 정도 더 끓인다.
	7 고기고명을 올리고 5분 정도 더 익힌다.
	8 분량의 재료를 골고루 섞어 들기름장을 만든다.
	9 버터를 올리고 밥을 잘 섞은 뒤 들기름장을 곁들여 먹는다.

• 쌀을 불리면 쌀알의 모양이 알알이 유지되지 않기 때문에 쌀은 불리지 않고 사용합니다. 잡곡을 넣을 경우에는 잡곡만 따로 불린 뒤 쌀과 섞어주세요.

• 곰탕 국물은 기름을 건진 뽀얀 사골국물이 아닌, 고기와 뼈를 같이 우려낸 꼬리곰탕처럼 기름진 국물이 좋습니다.

• 옥수수는 옥수숫대까지 넣어야 향이 잘 뱁니다.

• 완두콩은 생이나 냉동, 둘 중에 어떤 것을 사용해도 됩니다.

소고기가지솥밥과 레몬장

| 2~3인 |

가지밥을 참 좋아해서 가지를 어떻게 먹으면 더 맛있을까 고민하다가 만든 솥밥입니다. 부드러운 소고기와 가지를 넣고 밥 위에 일본 된장인 미소로 구운 갈비를 올려 고급스러운 솥밥이 완성됐어요. 어찌 보면 평범할 수 있는 가지솥밥에 부드러운 불고기와 갈비가 들어가 식감도 재밌어요. 은은한 감칠맛 도는 이 솥밥이 언제나 생각날 거예요.

Ingredient	쌀 350ml, 물 340ml, 소고기(불고기) 150g, 소고기(갈빗살) 200g, 가지 2개, 생 들기름 1큰술, 파 흰 부분 얇게 썬 것 약간, 식용유 약간
	소고기양념 | 소갈비양념(시판) 4큰술, 미소 1~2큰술, 쯔유 1큰술, 참기름 1큰술, 생강가루 약간
	레몬장 | 다시마맛간장 6큰술, 물 4큰술, 레몬즙 1큰술, 참기름 1큰술, 통깨 1작은술, 고춧가루 ½작은술

Recipe	**1** 불고기는 먹기 좋게 썬다.
	2 분량의 소고기양념을 골고루 섞어서 불고기와 갈빗살에 넣고 1시간 정도 재운다.
	3 쌀은 씻고 체에 밭쳐 물기를 뺀다.
	4 가지는 길게 4등분하고 손가락 길이로 썬다.
	5 솥에 식용유를 두르고 양념한 불고기를 넣은 뒤 볶는다.
	6 가지를 넣어 양념을 묻히면서 가지가 익지 않을 정도로만 볶는다.
	7 가지에 양념이 잘 묻으면 쌀을 넣고 한번 섞는다.
	8 물을 넣고 중불로 10분 정도 끓이다가 꺼질 듯 말 듯한 약불에서 20분 정도 더 끓인다.
	9 밥이 완성되기 5분 전에 달군 팬에 갈빗살만 올려 겉을 바싹 익히며 굽는다.
	10 8의 솥에 갈빗살을 올린다.
	11 파를 뿌리고 토치로 갈빗살의 표면을 그을린 뒤 생 들기름을 둘러 마무리한다.
	12 분량의 재료를 골고루 섞어 레몬장을 만들고 솥밥에 곁들인다.

• 미소는 1큰술을 추천하지만 짭짤한 맛을 좋아할 경우 2큰술을 넣어도 됩니다.

• 가지에서 수분이 많이 나오니 밥물은 적게 잡습니다.

• 파 흰 부분을 썰 때는 파채 칼로 얇고 길게 모양을 내서 썰면 예뻐요.

해물전복솥밥과 청양고추레몬장

| 2~3인 |

해산물을 좋아하는 사람이라면 사랑할 수밖에 없는 솥밥입니다. 전복 내장의 고소함과 홍합 국물, 새우의 감칠맛이 더해져 진한 바다의 향기가 행복을 부르죠. 전복솥밥은 너무 흔하니 몇 가지를 더해보세요. 상큼한 미나리와 해물은 무척 잘 어울리는 환상의 짝꿍이랍니다. 흔한 전복솥밥이 지겨웠다면 꼭 한번 도전해보세요.

Ingredient	쌀 350ml, 멸치국물 250ml(p.245 참고), 홍합 불린 물 100ml, 전복 3~4개, 흰다리새우 4개, 홍합 말린 것 20g, 미나리 2줄기, 참기름 3큰술, 맛술 1큰술, 굴소스(또는 해선간장) 1큰술, 삼계액젓 1큰술, 생 들기름 1큰술, 잣가루 1큰술
	청양고추레몬장	맛간장 4큰술, 다시마맛간장 4큰술, 물 4큰술, 생 들기름 2큰술, 레몬즙 1큰술, 레몬제스트 1작은술, 청양고추 다진 것 1개

Recipe	
1	흰다리새우는 머리를 제거하지 않고 손질하고 홍합은 뜨거운 물을 부어 1시간 정도 불린다.
2	전복은 깨끗이 씻고 살과 내장을 분리한 뒤 내장을 가위로 잘게 다지고 살은 얇게 슬라이스한다.
3	쌀은 씻고 체에 밭쳐 물기를 뺀다.
4	솥에 참기름을 두르고 쌀, 전복 내장을 넣은 뒤 골고루 비비고 불을 켠다.
5	흰다리새우를 넣고 머리쪽 내장을 수저로 눌러 짓이긴다.
6	홍합, 맛술, 굴소스, 삼계액젓을 넣고 비린내가 살짝 사라지고 고소한 향이 날 때까지 볶는다.
7	흰다리새우에서 고소한 향이 나면 멸치국물과 홍합 불린 물을 넣는다.
	• 해물에서 수분이 나오니 쌀과 밥물은 1 : 1로 잡는다.
8	중불에서 10분 정도 끓인 뒤 꺼질 듯 말 듯한 약불에서 10분 정도 더 끓인다.
9	전복살 3~4개 분량을 넣고 뚜껑을 닫은 뒤 꺼질 듯 말 듯한 약불에서 10분 정도 더 익힌다.
10	미나리를 송송 썰어서 올리고 생 들기름을 두른다.
11	분량의 재료를 골고루 섞어 청양고추레몬장을 만들고 솥밥에 곁들인다.

• 전복 내장과 쌀을 섞은 뒤 불을 켜세요. 바로 볶으면 쌀과 섞이지 않고 내장만 익을 수 있습니다.

• 전복을 처음부터 넣으면 너무 익어 질겨집니다. 전복은 10분 정도만 익힙니다.

• 전복 내장을 볼에 넣고 가위로 잘게 다지면 편합니다.

• 취향에 따라 잣가루를 올려 먹어도 맛있습니다.

명란버터솥밥과 마늘장

| 2~3인 |

명란은 그 자체로도 밥도둑입니다. 여기에 명란의 짝꿍 가쓰오부시를 은은하게 두르고 조금은 맵고 알싸한 마늘장을 올리면 맛이 배가되죠. 익힌 마늘은 익숙하지만 생으로 넣으면 또 다른 맛의 세계가 열려요. 무척 인기 있는 레시피이자 어느덧 저의 대표 레시피가 되었답니다. 제대로 된 명란솥밥을 먹고 싶다면 한번 도전 해보세요.

Ingredient	쌀 350ml, 물 350ml, 명란(저염) 3~4개, 쯔유 1큰술, 표고버섯 3~4개, 버터 1큰술, 생 들기름 1큰술, 가쓰오부시 적당량
	마늘장 │ 마늘 간 것 3쪽 분량, 맛간장 8큰술, 물 8큰술, 생 들기름 3큰술

Recipe	
1	표고버섯은 얇게 슬라이스한다.
2	명란은 한입 크기로 썬다.
3	잘 씻은 쌀을 솥에 넣는다.
4	표고버섯을 올리고 물을 부은 뒤 쯔유를 두른다.
5	중불에서 10분 정도 끓인 뒤 명란을 가지런히 올리고 최대한 약한 불로 20분 정도 더 끓인다.
6	5의 솥밥 가장자리에 가쓰오부시를 올린다.
7	버터를 올리고 생 들기름을 두른다.
8	분량의 재료를 골고루 섞어 마늘장을 만들고 솥밥에 곁들인다.

- 쯔유는 간을 맞추는 것이 아니라 감칠맛을 주는 정도만 넣어주세요.
- 명란은 덜 익으면 맛이 없어요. 큰 명란을 통으로 넣으면 비빌 때 스프레드처럼 알알이 흩어집니다. 꼭 썰어서 익혀야 덩어리채 씹히는 맛이 좋습니다.
- 명란솥밥은 생 들기름을 사용합니다. 생 들기름은 저온 착유한 들기름으로 들깨를 과하게 볶지 않아서 신선하고 기름의 전내나 역한 들깨 향이 나지 않습니다.
- 마늘장은 마늘과 생 들기름이 동동 떠다닐 정도가 좋습니다. 맛간장이 없으면 다시마간장이나 감칠맛이 좋은 양조간장을 사용하고 설탕이나 올리고당을 살짝 넣어주세요.
- 표고버섯은 종잇장처럼 최대한 얇게 썰어야 맛있습니다.

오징어차돌박이솥밥과 중국식 양념장

| 2~3인 |

좋은 오징어와 좋은 차돌박이가 있어 도전해봤던 솥밥입니다. 처음에는 들기름마늘장을 곁들이려고 했는데 식상하더라고요. 그러다 중화풍의 매콤한 생강 향이 떠올랐어요. 한국 사람들이 좋아하는 마늘이 아닌 생강을 더하기로 했습니다. 오징어는 생강가루로 비릿한 맛을 잡고 솥밥 양념에도 생강가루를 듬뿍 넣었습니다. 중국 음식을 좋아한다면 꼭 만들어보세요.

Ingredient	쌀 350ml, 물 350ml, 오징어 껍질 벗기지 않은 것 1개, 차돌박이 150g, 표고버섯 4개, 쪽파 송송 썬 것 2~3대 분량, 굴소스 1작은술, 생강가루 1작은술
	중국식 양념장 ㅣ 물 4큰술, 해선간장 4큰술, 레몬즙 1큰술, 치우차우칠리오일 1큰술, 생강가루 ½작은술

Recipe	
1	오징어는 칼집을 내고 한입 크기로 자른다.
2	표고버섯은 종이처럼 얇게 썬다.
3	쌀을 씻고 솥에 담는다.
4	오징어, 표고버섯을 올리고 물을 붓는다.
5	굴소스, 생강가루 ½작은술을 넣고 잘 섞은 뒤 중불에서 10분 정도 끓이다가 보글보글 끓으면 최대한 약한 불로 낮추고 20분 정도 더 끓인다.
6	솥의 불을 끄기 직전에 차돌박이를 팬에 올려 잘 굽는다.
7	차돌박이를 솥밥에 올리고 쪽파와 생강가루 ½작은술을 뿌려 마무리한다.
8	분량의 재료를 골고루 섞어 중국식 양념장을 만들고 솥밥에 곁들인다.

• 먹기 전에 차돌박이를 가위로 몇 번 자르면 먹기 편합니다.

• 청정원 생강가루를 이용해 보세요. 동결건조된 입자가 굵은 생강가루입니다. 치우차우칠리오일과 섞으면 중국식의 향이 나서 생강을 싫어하는 사람도 거부감이 덜합니다.

콩나물솥밥과 부추레몬장

| 2~3인 |

그저 그런 콩나물솥밥이 아닌 쫄깃한 어묵과 기름진 육즙이 가득한 소고기가 더해져 풍성한 맛이 나는 콩나물솥밥을 소개합니다. 가장 친한 친구인 정민이에게 배운 요리로 친구가 어릴 때부터 할머니가 해주시던 오래된 레시피라고 합니다. 감태에 싸서 먹으면 더 맛있어요. 세상 어느 콩나물밥과도 비교할 수 없는 최고의 맛이랍니다.

Ingredient	쌀 290g, 혼합보리 60g, 물 340ml, 콩나물 250g, 소고기(양지 또는 국거리 등 기름진 부위) 150g, 어묵(둥근 것) 100g, 감태 적당량

밑양념 | 맛간장 4큰술, 맛술 1큰술, 마늘 간 것 1작은술

부추레몬장 | 청양고추 다진 것 1개 분량, 영양부추 다진 것 적당량, 다시마맛간장 8큰술, 물 8큰술, 레몬즙 1큰술, 참기름 1큰술

Recipe

1 보리를 씻고 끓인 물을 자작하게 부어 15분 정도 불린 뒤 물기를 빼고 쌀은 씻어서 물기를 뺀다.

2 소고기를 1cm 크기의 큐브 모양으로 썰고 어묵도 1cm 너비로 썬다.

3 분량의 밑양념 재료를 볼에 넣고 섞은 뒤 소고기, 어묵을 넣고 버무린다.

4 솥에 쌀과 보리를 넣고 **3**을 넣어 잘 섞은 뒤 물을 붓는다.

5 콩나물을 수북히 넣고 뚜껑을 덮은 뒤 10분 정도 중강불에서 끓이다가 최대한 약한 불로 줄여 20분 정도 더 끓인다.

6 분량의 재료를 골고루 섞어 부추레몬장을 만든다.

7 감태를 먹기 좋게 자른다.

8 **5**의 콩나물솥밥을 잘 섞고 감태와 **6**의 부추레몬장을 곁들인다.

- 이 솥밥에는 둥근 봉어묵을 넣어주세요. 가운데가 빈 어묵으로 사각 어묵보다 식감이 더 잘 어울려요.
- 소고기는 쌀과 콩나물 씻는 동안만 재우면 됩니다.
- 콩나물이 많아 보여도 완성되면 줄어듭니다. 꼭 수북히 넣어주세요.
- 콩나물에서 수분이 많이 나오기 때문에 밥물은 평소보다 적게 잡아야 죽밥이 되지 않습니다.
- 달래가 제철일 때는 영양부추 대신 달래를 넣으면 맛있습니다.
- 잡곡을 쓸 경우 끓인 물에 잡곡을 넣고 10~15분 정도 불리면 요리 시간을 단축할 수 있습니다. 쌀은 고슬고슬함을 살리기 위해 불리지 않고 사용해요.

PART 2 _ 솥밥의 정석   87

차돌박이트러플솥밥과 마늘레몬장

| 2~3인 |

야들한 표고버섯에 고소한 차돌박이 그리고 트러플의 풍미가 물씬 나는 솥밥입니다. 제 솥밥 레시피는 종이처럼 얇게 썬 표고버섯을 넣는 게 특징인데요, 차돌박이트러플솥밥은 표고버섯의 역할이 가장 돋보이는 솥밥입니다. 듬뿍 넣을수록 맛있어요. 트러플오일만 넣는 것보다 트러플살사(또는 페이스트)를 올려 마무리하면 보기도 좋고 맛도 더 풍성합니다. 차돌박이 대신 갈빗살을 구워 올려도 좋아요.

쌀 350ml, 차돌박이 200g, 표고버섯 3~4개, 달걀노른자 1~2개 분량, 트러플오일 1큰술, 생 들기름 1큰술, 트러플페이스트 1½작은술, 잣가루 2큰술, 쪽파 다진 것 약간

국물 | 물 400ml, 다시마 손바닥 크기 1장, 건표고채 적당량(건표고 2개 분량), 쯔유 1큰술, 마른 우엉(우엉차용, 또는 티백) 3개

마늘레몬장 | 쪽파 다진 것 1대 분량, 청양고추 다진 것 1개 분량, 마늘 간 것 1작은술, 맛간장 8큰술, 물 5큰술, 레몬즙 1큰술

1 쌀은 씻어서 물기를 빼고 솥에 넣는다.

2 다시마, 건표고채, 우엉, 쯔유, 물을 냄비에 넣고 10분 정도 끓인다.

3 표고버섯을 종이처럼 얇게 썰고 **1**의 솥에 수북하게 올린다.

4 **2**의 국물 350ml를 **3**의 솥에 붓고 10분 정도 중강불에서 끓이다가 최대한 약불로 줄여 20분 정도 더 끓인다.

5 밥이 완성되기 3분 전에 차돌박이를 팬에 올려 굽는다.

6 구운 차돌박이를 밥 위에 꽃잎처럼 올리고 토치로 살짝 익힌다.

7 달걀노른자를 가운데 올린다.

8 트러플페이스트, 쪽파를 올리고 잣가루를 듬뿍 뿌린 뒤 트러플오일과 생 들기름을 두른다.

9 분량의 재료를 골고루 섞어 마늘레몬장을 만들고 솥밥에 곁들인다.

• 우엉을 넣으면 근사한 향이 나서 우엉차를 넣는 것을 추천합니다. 우엉이 없다면 도라지 티백도 좋습니다.

삼겹살목이버섯솥밥과 미소마요장

| 2~3인 |

부드러운 대패삼겹살과 목이버섯을 넣은 솥밥에 짭짤하고 감칠맛 나는 미소마요장을 올렸습니다. 마요네즈를 워낙 좋아해서 이 솥밥을 위해 만든 미소마요장은 삼겹살과 궁합이 참 좋아요. 끝없이 들어가는 맛이죠. 삼겹살목이버섯솥밥의 팬이 되는 건 시간 문제일 뿐이에요.

Ingredient	찰흑미 30g, 차조 20g, 쌀 290g, 물 350ml, 대패삼겹살 250g, 목이버섯 불린 것 7g(10개 정도), 굴소스 1작은술, 영양부추 다진 것 약간, 깨 간 것 약간
	밑양념 ｜ 맛간장(또는 다시마맛간장) 3큰술, 맛술 1큰술, 참기름 1큰술, 생강가루 1작은술, 마늘 간 것 1작은술, 설탕 1작은술, 후추 ½작은술
	미소마요장 ｜ 청양고추 다진 것 1개 분량, 물 1~2큰술, 마요네즈 1큰술, 참기름 1큰술, 깨 간 것 ½큰술, 미소 1작은술, 매실액 1작은술

Recipe	**1** 찰흑미, 차조는 끓인 물에 10분 정도 불린 뒤 물기를 빼고 쌀은 씻어서 물기를 뺀다.
	2 목이버섯은 끓인 물에 10분 정도 불리고 헹군 뒤 먹기 좋게 썬다.
	3 분량의 밑양념 재료를 볼에 넣고 잘 섞는다.
	4 **3**에 대패삼겹살과 목이버섯을 넣고 골고루 버무린다.
	5 **1**을 솥에 넣고 굴소스를 뿌린 뒤 한번 섞는다.
	6 물을 붓고 **4**를 올린 뒤 중강불에서 10분 정도 끓이다가 최대한 약불로 줄여 20분 정도 더 끓인다.
	7 밥이 완성되면 영양부추와 깨를 올린다.
	8 분량의 재료를 골고루 섞어 미소마요장을 만들고 솥밥에 곁들인다.

• 대패삼겹살은 간을 살짝만 하고 생강가루와 후추로 냄새를 잡아주세요.

연어솥밥과 산초장

| 2~3인 |

개인적으로는 익힌 연어를 좋아하지 않습니다. 비릿한 연어 향이 사라지지 않아서요. 그래서 상큼한 산초를 곁들여 저를 위한 연어솥밥을 만들었습니다. 솥 하나로 해결할 수 있어 만들기도 쉽고 연어를 절이지 않아 아이도 함께 먹을 수 있어요. 제가 무척 좋아하는 레시피입니다.

Ingredient	찰현미 불린 것 60g, 쌀 290g, 물 350ml, 연어 200g, 양파 다진 것 50g, 시금치 150g, 표고 버섯 2~3개, 쯔유 2큰술, 다시마 손바닥 크기 1장, 맛술 2큰술, 쪽파 송송 썬 것 적당량, 산초 가루 약간, 식용유 약간
	산초장 ㅣ 청양고추 다진 것 1개 분량, 다시마맛간장 4큰술, 물 4큰술, 쯔유 2큰술, 레몬즙 1큰 술, 설탕 1큰술, 생 들기름 1큰술, 산초가루 약간

Recipe	
1	찰현미를 씻고 끓인 물에 15분 정도 불린 뒤 물기를 빼고 쌀은 씻어서 물기를 뺀다.
2	시금치는 밑동을 자르고 표고버섯은 얇게 썬다.
3	냄비에 식용유를 두르고 달군 뒤 연어에 쯔유 1큰술을 살짝 뿌려 넣고 앞뒤로 겉만 익힌 다음 꺼낸다.
4	3의 냄비에 양파를 넣어 볶고 노릇노릇해지면 시금치를 넣은 뒤 쯔유 1큰술을 두르 고 볶는다. 시금치는 숨이 죽지 않고 양념이 묻어날 정도가 적당하다.
5	표고버섯, 찰현미, 쌀을 넣고 골고루 섞은 뒤 다시마를 넣고 맛술을 두른다.
6	물을 붓고 구운 연어와 산초가루를 올린 뒤 뚜껑을 덮고 10분 정도 중강불에서 끓 이다가 최대한 약한 불로 줄여 20분 정도 더 끓인다.
7	솥밥이 완성되면 연어에 산초가루를 뿌리고 쪽파를 밥 위에 흩뿌린다.
8	분량의 재료를 골고루 섞어 산초장을 만들고 솥밥에 곁들인다. 조미하지 않은 김을 싸서 먹어도 맛있다.

• 양파를 노릇노릇하게 볶아서 넣으면 양파의 단맛이 연어와 잘 어울립니다.

• 산초장은 달콤하고 새콤해야 합니다. 과하다 싶을 정도로 달콤해도 맛있으니 설탕을 충분히 넣어주 세요.

• 다시마는 취향에 따라 꺼내고 먹어도 됩니다.

PART 3

우리 집 시그니처 요리

누구에게나 집밥은 따뜻하고 고유한 기억입니다. 각자의 집밥을 구경하는 건 참 재밌어요. 마치 누군가의 집을 여행하는 것 같죠. 저 또한 어릴 때부터 먹던 그 맛을 알려줄 수 있어 무척 기쁩니다. 누군가에게는 따뜻한 집밥이 되었으면 하고, 누군가에게는 재밌는 맛의 여행이 되었으면 합니다. 이 파트에서 소개하는 메뉴는 밥상에 자주 올라오는 요리지만 은근히 맛을 내기 어려웠던 기본 요리입니다. 하지만 우리 집에서만 먹을 수 있는 시그니처 요리죠. 미역국에 어떻게 하면 엄마의 손맛을 담을지, 밖에서 먹었던 녹진한 라구는 어떻게 끓이는지 소개하고자 합니다. 딸에게 가장 알려주고 싶은 요리를 소개하듯 자세하게 안내할게요. 어른들께 요리를 대접할 때 듣는 말 중 가장 좋아하는 말이 있어요. "넌 배 속에 할머니가 들었니? 음식에서 할머니 맛이 난다." 여러분도 그런 말을 들을 준비됐나요?

떡갈비

| 2인 |

떡갈비는 집에서 만들기 어렵다고 생각하는 분들 주목해주세요. 맛있고 육즙 가득한 떡갈비를 소개할게요. 떡갈비는 고기가 정말 중요한데, 원산지와 비율도 한몫합니다. 꼭 한우를 써야 하고 돼지고기가 조금 들어가야 더 맛있어요. 지방 함량이 중요할 것 같아 삼겹살 부위를 써보기도 했는데, 오히려 앞다리살이나 뒷다리살에 비해 퍽퍽하더라고요. 그리고 제일 중요한 건 고기 입자입니다. 갈빗살을 다질 때 눈에 보이는 크기로 다져야 퍽퍽하지 않은 떡갈비가 돼요. 정말 맛있는 비율과 방법을 소개하니 그대로만 해주세요.

Ingredient	소고기(갈빗살) 200g, 돼지고기 다진 것 30g, 마늘 다진 것 2쪽 분량, 찹쌀가루 1큰술, 맛술 2큰술, 소주 1큰술, 맛간장 1큰술, 다시마맛간장 1큰술, 설탕 1큰술, 순후추 약간, 잣가루 약간, 소금 약간, 식용유 약간

Recipe	1 소고기는 손으로 다지거나 푸드프로세서로 입자가 보이도록 3초 간격으로 끊어서 몇 번만 다진다. 입자 크기는 0.3~0.5cm가 적당하다.
	2 1의 소고기에 돼지고기, 마늘, 찹쌀가루, 맛술, 소주, 맛간장, 다시마맛간장, 설탕, 순후추, 소금을 넣는다.
	3 골고루 섞으면서 잘 치댄다.
	4 한입 크기로 동그랗게 빚고 가운데를 움푹 누른다.
	5 팬에 식용유를 아주 조금 두르고 최대한 약한 불에서 4의 반죽을 굽는다.
	6 핏물이 올라오면 뒤집고 타지 않게 잘 구운 뒤 토치로 마무리한다.
	7 잣가루를 떡갈비 위에 뿌린다.

- 소고기와 돼지고기의 크기가 중요합니다. 푸드프로세서로 너무 오래 갈거나 고운 다짐육을 쓰면 육즙이 빠져 퍽퍽한 떡갈비가 됩니다. 0.3cm~0.5cm 정도로 다져주세요.
- 팬에 식용유를 두르고 구워주세요. 약간의 기름 향이 더해져 더 맛있고 타지 않게 구울 수 있습니다.
- 떡갈비 반죽의 가운데를 움푹 눌러야 고기가 빵빵해지지 않습니다. 가운데를 누르지 않고 떡갈비를 익히면 가운데로 육즙이 몰려 공처럼 빵빵해집니다.

미역국

| 5~6인 |

미역국은 가장 끓이기 쉬우면서도 어려운 요리입니다. 재료에 따라 맛의 차이가 크기 때문이죠. 레시피를 보면 이렇게까지 세심하게 간을 해야 하나라는 생각이 들 수도 있지만, 그래야 실패 없이 맛있는 미역국을 끓일수 있어요. 어릴 적 엄마나 할머니는 무조건 한우로 미역국을 끓여주셨습니다. 한우 특유의 향이 기억에 남아있어 저는 한우로 만들었을 때 가장 맛있더라고요. 만약 고기 없는 미역국이 좋다면 이 레시피에서 간 하는법만 기억해도 좋아요. 엄마의 맛이 생각나는 미역국을 만들고 싶은 분들에게 추천합니다.

Ingredient	소고기 한우 업진살(1+ 이상의 기름진 부위 또는 양지) 200~300g, 건미역 25~30g, 마늘 간 것 1쪽 분량, 물 1.2L, 삼계액젓 1큰술, 국간장 1큰술, 다시마맛간장 1큰술, 까나리액젓 ½큰술, 참기름 ½큰술(생략 가능), 천일염 1작은술

Recipe	
1	냄비에 소고기, 마늘, 찬물을 넣고 뚜껑을 닫은 뒤 끓이다가 물이 증발해 부족해지면 물을 추가하며 40~50분 정도 끓인다.
	• 압력솥으로 끓인다면 추가 돌고 15분 정도 지나면 불을 끈다.
2	미역을 뜨거운 물에 20분 이상 불린 뒤 헹구고 먹기 좋게 자른다.
3	1의 소고기를 꺼내 식히고 잘게 찢는다.
4	1의 냄비에 미역을 넣고 국물이 모자라면 물을 더 붓는다.
5	3의 소고기를 넣고 삼계액젓, 국간장, 다시마맛간장, 까나리액젓, 천일염을 넣는다. 간이 모자르면 소금이나 국간장을 추가한다.
	• 미역을 넣을 때 간을 해야 미역의 비릿한 맛이 날아간다.
6	참기름을 넣고 15~30분 정도 더 끓인다. 국물이 부족하면 더 추가해도 된다.
	• 압력솥으로 끓인다면 추가 돌고 5~10분 정도 지나면 불을 끈다.

• 간을 맞추기 위해 액젓 2가지, 간장 2가지, 소금이 들어갑니다. 액젓 2가지 중 삼계액젓은 삼계표 멸치액젓으로 비리지 않고 쓴맛 없이 감칠맛을 냅니다. 삼계액젓이 없다면 청정원 멸치액젓을 사용하세요. 까나리액젓은 청정원 제품을 추천합니다. 마트에서 쉽게 구입할 수 있고 쿰쿰한 향이 없어 감칠맛이 좋은 편입니다. 액젓 2가지가 다 들어가야 맛있지만 없다면 까나리액젓은 생략해도 됩니다. 간장은 감칠맛이 있는 깃코만 다시마맛간장을 넣어주세요. 국간장은 맥국간장이나 청정원 햇살담은국간장을 사용하는데, 유명한 전통 간장보다도 좋은 맛을 냅니다. 집에서 직접 만든 간장을 넣어도 좋습니다. 소금은 쓴맛이 없고 간수를 잘 뺀 3년 이상 묵은 천일염이나 게랑드셀을 사용하세요.

• 소고기는 한우 1^{++} 양지나 업진살을 씁니다. 업진살은 지방이 듬뿍 들어간 기름진 부위로 참치 뱃살 처럼 마블링이 뛰어난 소 뱃살 부위입니다. 구하기 힘들다면 한우 1^{+} 이상의 지방이 많은 부위를 사용하세요. 기름진 소고기가 아니라면 한우 차돌박이 2~3장을 섞어서 끓입니다. 차돌박이는 소의 양지와 업진살과 가까운 부위에 있어 지방이 비슷하기 때문에 약간만 추가하면 고기 향이 좋은 미역 국을 만들 수 있습니다.

• 미역은 차가운 물에 오래 불리는 게 아니라 뜨거운 물에 불린 뒤 찬물로 헹구면 비릿한 맛이 사라집니 다. 손을 넣었을 때 뜨거움을 느낄 정도로 뜨거운 물이 좋고 90℃ 이상의 물에 불려도 괜찮습니다.

• 미역국은 전날 끓여서 식히고 다음 날 다시 끓여서 먹으면 더 맛있습니다. 오래 끓이는 요리들은 다 음 날 먹으면 숙성의 힘이 더해집니다.

LA갈비

| 3~4인 |

결혼하고 나서 알게 된 시어머니표 LA갈비입니다. 지금까지 먹었던 갈비와는 달리 은은하면서도 고급스러운 맛이 나서 반해버린 레시피예요. 시어머니의 비법 2가지는 파가 들어가지 않는 것과 즙만을 이용하는 것입니다. 이 비법 덕분에 갈비 양념이 지저분하게 타지 않고 잡내가 나지 않아요. 단맛이 나는 고기에 있어서는 입맛이 꽤 까다로운 편인데, 이 LA갈비는 정말 천상의 맛입니다.

Ingredient	LA갈비 1.4kg
	재움양념 ｜ 골드키위 1개, 배 1개, 사과 1개(작은 것, 또는 사과즙 1팩), 양파 ⅓개(120g), 물 300ml, 마늘 간 것 3~4쪽 분량, 양조간장(샘표 501) 7~8큰술, 맛술 2큰술, 물엿 1~2큰술, 설탕 1큰술, 통후추 간 것 1작은술

Recipe

1 갈비는 2시간 이상 핏물을 뺀다.

2 뼛가루가 남지 않도록 흐르는 물에 잘 헹구고 체에 밭쳐 물기를 뺀다.

3 골드키위, 배, 사과, 양파, 물을 믹서에 넣어 갈고 면포에 걸러 즙을 짠다.

4 **3**의 즙과 마늘, 양조간장, 맛술, 물엿, 설탕, 통후추를 섞어 양념을 만든다.

5 밀폐 용기에 갈비를 담고 **4**의 양념을 부은 뒤 갈비가 완전히 잠기지 않으면 물을 조금 추가한다.

6 **5**의 갈비를 24시간 이상 재운다.

7 갈비를 팬에 올리고 재움양념을 2국자 정도 넣은 뒤 중불에서 조리듯 굽는다.

8 구운 갈비를 1개씩 자르고 가운데 칼집을 낸다. 이때 토치로 마무리를 해도 좋다.

• 양념에는 꼭 골드키위를 사용합니다. 그린키위는 연육 작용과 신맛이 너무 강하니 사용하지 않습니다.

• 골드키위, 배, 사과, 양파를 갈 때는 물(최소 300ml)을 넣어야 합니다. 그래야 면포에 즙을 짤 때도 잘 나와요. 착즙된 것을 사용하더라도 물(최소 200ml)을 넣어주세요.

• 양념은 면포에 거른 즙만 사용해야 구울 때 재움양념을 넣어도 타지 않습니다.

• 양파가 너무 많이 들어가면 향이 강해지니 꼭 분량을 지켜주세요. 양파 크기에 따라 ⅓~½개(100~130g) 분량입니다.

• 시판 즙을 이용한다면 비가열 저온착즙된 제품을 사용합니다.

• 갈비에 양념을 넣고 최소한 24시간 정도 재워야 맛이 듭니다. 2~3일 정도 재우면 가장 부드럽고 맛있습니다.

• 양념이 강하지 않고 은은한 편이므로 재움양념을 2국자 정도 넣어서 구워야 합니다.

동치미

| 5~6L |

누군가 제게 가장 소중한 레시피가 무엇이냐고 묻는다면 바로 이 동치미라고 답할 거예요. 유년 시절의 맛이 그대로 담겨 있기 때문이죠. 예민하고 까탈스러운 입맛 때문에 맛이 없으면 먹지 않았던 어릴 적에도 100점 만점이었던 고모의 동치미 레시피입니다. SNS를 하면서 느낀 것 중 하나는 생각보다 많은 사람들이 맛있는 동치미 맛을 모른다는 것입니다. 정말 모두에게 알리고 싶은 맛이에요. 정말 맛있는 동치미를 먹고 싶거나 뭘 해도 동치미 맛이 나지 않거나 처음 담그는 분도 누구나 성공할 수 있어요. 꼭 도전해보세요!

Ingredient	무 1개(큰 것), 배 1개, 양파 1개(주먹보다 큰 것), 대파 2대, 청양고추 5~7개, 홍고추 1~2개, 마늘 15쪽, 맛소금 3큰술, 뉴슈가 1작은술, 물 4L 이상, 천일염 4큰술 이상

Recipe	**1** 무 분량의 ⅓은 나박썰기하고 나머지 무는 두껍고 크게 2등분해서 반달썰기한다.
	2 무에 맛소금을 뿌리고 1~2시간 정도 절인다. 맛소금을 써야 쓰지 않다.
	3 배는 껍질째 4~6등분하고 양파와 마늘은 2등분하고 대파는 3등분하고 청양고추는 꼭지를 따고 칼집만 내고 홍고추는 얇게 어슷하게 썬다.
	4 양파, 대파, 청양고추, 마늘을 면포에 넣고 잘 묶는다.
	• 과숙성하면 바로 뺄 수 있어 처리가 편하다. 대파 몇 개는 빼둔다. 홍고추는 고명용이라 면포에 넣지 않는다.
	5 **2**의 무와 무에서 나온 물, 배, 홍고추, 대파, **4**의 채소를 김치통에 담고 물을 붓는다.
	6 천일염을 넣어 짭짤할 정도로 간을 하고 뉴슈가를 넣는다.
	7 뚜껑을 닫고 실온(23℃ 이상)에서 2일 정도 숙성시킨다. 거품이 생기면 잘 숙성되고 있는 것이니 2일 뒤 냉장고에 넣는다.

- 숙성 2~3일 뒤에 바로 먹기 위해 나박썰기한 무를 섞어 씁니다. 무가 얇고 작아 상대적으로 빨리 숙성돼 바로 먹을 수 있습니다. 1주일 정도 냉장 숙성 기간이 지나면 맛이 들어 더 맛있습니다.

- 열무를 조금 넣고 싶으면 열무를 3등분해 맛소금을 넣고 1시간 정도 절인 뒤 물에 헹구고 넣습니다. 열무를 절인 물은 버립니다.

- 동치미에서 가장 중요한 당도는 오직 배와 뉴슈가로만 잡습니다. 사과, 설탕, 매실 등 다른 당이 들어가면 잡맛이 나고 끈적거려요.

- 간을 짭짤하게 해야 먹을 때 얼음을 띄우고 물을 더 넣어 국물을 넉넉하게 먹을 수 있습니다.

- 동치미는 1~2달이 지나면 냉장고의 상태에 따라 과숙성이 돼 마늘향이 올라올 수 있습니다. 이때는 마늘과 양파를 모두 건집니다. 면포를 썼다면 더 편합니다. 간을 굉장히 짜게 담그면 몇 달이 지나도 쉬지 않습니다. 대신 초반 숙성 기간이 길어집니다. 짤수록 숙성이 더디기 때문에 2주 이상은 지나야 맛있는 동치미가 됩니다.

- 소면(샘표 진공소면 추천)을 잘 삶고 얼음물에 헹군 뒤 그릇에 담고 동치미, 설탕이나 올리고당 ½큰술, 참기름 2큰술을 뿌려서 동치미 소면을 만들어도 좋습니다.

스지무침

| 2~3인 |

어렸을 때 저는 프로편식러였어요. 여덟 살까지는 삼시 세끼 곰탕만 먹고 살았습니다. 다섯 살 무렵부터는 여러 번 우려낸 싱거운 곰탕을 주면 맛이 이상하다고 다시 끓여달라고 했다고 해요. 그릇 수로 치면 누구에게도 지지 않을 정도로 수많은 곰탕을 먹었는데, 그때 항상 스지무침을 함께 먹었어요. 30년을 넘게 먹은, 말캉하고 기름진 우리 집 시그니처 레시피를 모두에게 알려주고 싶습니다. 원래는 곰탕에 넣어 끓이다 스지만 건져 무치는 것이 정석인데요, 지금은 따로 만들거나 사태와 같이 압력솥에 삶습니다. 시간도 절약되고 아주 부드럽고 맛있는 스지가 돼요.

Ingredient	스지(냉동) 1kg, 마늘 6~7쪽, 소주(또는 맛술) 5큰술, 쪽파 다진 것 3~4대 분량
	양념장 | 마늘 간 것 3작은술(4~5쪽 분량), 다시마맛간장 6큰술, 식초 3큰술, 맛소금 1½작은술, 순후추 ½작은술

Recipe	**1** 스지를 찬물에 담가 3시간 정도 핏물을 뺀다.
	2 압력솥에 스지, 마늘을 넣고 소주를 두른 뒤 스지가 잠길 정도로 끓는 물을 붓는다.
	3 압력솥 뚜껑을 닫고 중강불로 가열하다가 추가 도는 소리가 나면 약불로 줄인 뒤 30~32분 정도 뒤에 불을 끄고 추를 젖히지 말고 뜸을 들인다.
	4 분량의 재료를 골고루 섞어 양념장을 만든다.
	5 야들야들하게 삶은 스지를 한입 크기로 자른다.
	6 **4**의 양념장을 넣어 골고루 섞고 쪽파를 올린다. 이때 간이 약하면 맛소금을 좀 더 넣고 취향에 따라 참기름을 넣고 무쳐도 좋다.

- 간을 봤을 때 싱거운 것보다는 약간 짭짤해야 더 맛있습니다.
- 스지를 30분 정도 끓이면 보통 정도로 부드럽고 32분 정도 끓이면 야들야들하게 부드러워집니다. 일반 냄비에서 삶는다면 3시간 정도 삶으면서 상태를 확인합니다.
- 스지는 고기가 붙지 않은 알스지보다 고기가 붙은 스지가 맛있습니다. 수입산보다는 한우 스지가 훨씬 맛있으니 한우 스지를 추천합니다. 만약 고기가 붙지 않은 알스지를 구입했다면 사태를 조금 넣어 같이 삶아주세요.
- 스지를 끓인 국물에 손가락 길이로 길게 썬 파 흰 부분 1대 분량, 나박썰기한 무 1줌, 삼계액젓 1큰술, 국간장 1큰술, 소금 1작은술을 넣고 압력솥에서 15분(또는 일반 냄비에서 30분 이상) 정도 끓이면 맛있는 스지뭇국이 됩니다.

꽃게조림

| 2~3인 |

어릴 적에는 1주일에 5일 정도 꽃게조림을 먹었어요. 된장찌개는 없어도 꽃게조림은 빠지면 안 되는 우리 집 메뉴였죠. 그래서 어렸을 때는 꽃게는 원래 조림으로만 먹는 음식인 줄 알았어요. 하얀 쌀밥에 꽃게살 바른 것과 짭조름하면서 달콤한 국물을 약간 뿌려 먹으면 정말 맛있어요. 약간의 조미료가 꽃게 특유의 단맛을 극대화시켜 그야말로 밥도둑이라 자부합니다. 이 꽃게조림은 생물 꽃게가 아닌, 냉동 꽃게로도 맛있는 요리가 됩니다. 꽃게로 꽃게탕, 꽃게찜만 만들던 분들도 꼭 한번 만들어보세요!

Ingredient	꽃게 600g, 물 400~600ml, 무 약간
	양념 l 양파 1개, 파 1대, 청양고추 1개, 마늘 10쪽, 양조간장(샘표 501) 7큰술, 맛술 4큰술, 고춧가루 2~3큰술, 소고기다시다 2큰술(10g), 다시마맛간장 1큰술

Recipe	
1	꽃게를 잘 씻고 4등분한다. 작은 꽃게는 2등분한다.
2	무는 반달썰기하고 양파는 반은 채 썰고 반은 다진다. 청양고추와 파는 어슷썬다.
3	분량의 재료를 골고루 섞어 양념을 만든다.
4	냄비에 무를 넣고 꽃게를 깐다.
5	3의 양념을 골고루 올린다.
6	꽃게가 80% 정도 잠기도록 자작하게 물을 넣고 뚜껑을 덮은 뒤 중약불에서 30분 정도 끓인다. 게딱지가 있으면 바닥에 그릇처럼 깔아도 좋다.

• 게의 양이나 국물의 양이 많아 간이 약하면 양조간장을 추가하세요. 짭짤해야 맛있습니다.

• 애호박을 넣어도 맛있어요.

• 소고기다시다를 생략하지 말고 꼭 넣어주세요.

떡볶이

| 2~3인 |

트럭에서 파는 떡볶이, 학교 앞 떡볶이가 먹고 싶었는데 아무리 유명한 인스턴트 떡볶이를 사 먹어도 그 맛이 나지 않았어요. 수년 전부터 떡볶이소스를 연구했는데 조미료를 넣어봐도 그 맛이 나지 않았습니다. 어느 날 유명 떡볶이 집에서 떡볶이 만드는 과정을 본 뒤 충격을 받았어요. 설탕과 동일하게 들어가는 조미료의 양 때문이었죠. 그것이 정답이었습니다. 레시피를 보면 충격적일 수 있지만, 달콤하고 매콤한 바로 그 추억의 맛입니다. 맛으로 대신 보답이 되길 바랍니다!

Ingredient　떡볶이떡(밀떡) 250g, 어묵(사각) 100g, 물 350ml

양념 | 양파 간 것 20g, 멸치다시다 10g, 차가운 물 150ml, 설탕 2큰술, 고춧가루 고운 것 1큰술, 고추장 1큰술, 매실청 1큰술, 미원 1작은술

Recipe

1 분량의 양념 재료를 냄비에 넣고 양파의 매운 냄새가 날아갈 때까지 약불에서 15분 정도 끓인다.
  • 이 시간은 꼭 지킨다.

2 어묵은 먹기 좋게 한입 크기로 자른다.

3 밀떡은 1개씩 떼어서 물에 헹구고 물기를 뺀다.

4 냄비에 밀떡, 어묵, 물을 넣는다.

5 **1**의 양념을 넣고 약불에서 10분 정도 졸인다.

• 고운 고춧가루를 사용해야 하니 굵은 고춧가루만 있다면 꼭 믹서에 갈아 사용합니다.

• 양파는 20g 이상 쓰지 않습니다. 양파 간 것은 1큰술 이상 넣지 않도록 주의합니다.

• 이 레시피는 멸치다시다 스틱형을 사용했습니다. 대용량 멸치다시다는 무게를 재거나 2큰술 정도를 사용합니다. 절대로 소고기다시다를 쓰지 마세요. 멸치와 가쓰오부시가 섞인 다시다도 쓰지 않는 게 좋아요.

• 떡볶이에 들어가는 어묵은 얇은 사각 어묵(동양어묵에서 나온 핑크색 사각 어묵 추천)이 맛있습니다.

• 파나 양배추를 넣지 않습니다. 라면을 추가하고 싶다면 삶아서 헹군 것을 넣어주세요.

• 반드시 백설탕을 사용합니다. 다른 설탕을 쓰면 끝맛이 너무 달라져요.

• 해찬들 고추장을 사용합니다. 타사의 고추장은 떡볶이를 만들었을 때 미묘한 쓴맛이 납니다.

꼬마김밥

| 3~4인 |

요리를 좋아하고 나름 손재주도 있다고 생각하지만 아직 김밥 말기는 어렵습니다. 김밥을 예쁘게 말기가 어려워서 만들어본 꼬마김밥입니다. 그냥 굴리면 끝이니 무척 쉬워요. 집에서 만드는 김밥은 무조건 맛있을 수밖에 없어요. 새콤하고 짭짤한 우메보시를 넣고 쌉쌀한 무순과 쯔유로 간한 어묵과 달걀, 고소한 생 들기름 덕에 흔한 맛이 아닌 중독성 강한 우리 집만의 꼬마김밥이 완성됐어요.

Ingredient

밥(뜨거운 것) 3공기, 김밥용 김 10장, 우메보시 5알, 어묵(사각) 100g, 달걀 3개, 오이 ⅓개, 당근 ½개, 잔멸치 2큰술, 무순 15g, 쯔유 3큰술, 생 들기름 2큰술, 소금 약간, 참기름 약간

단촛물 | 물 3큰술, 식초 2큰술, 설탕 1큰술, 소금 1작은술

Recipe

1 식초를 제외한 단촛물 재료를 냄비에 붓고 불을 켠다. 섞어서 잘 녹으면 식초를 붓고 불을 끈다. 간을 봤을 때 새콤하고 달콤하고 짭짤하면 된다.

2 밥에 **1**의 단촛물을 넣어 골고루 섞고 식힌다.

3 팬에 어묵을 올리고 쯔유 1큰술을 부은 뒤 앞뒤로 굽는다. 얇은 어묵은 너무 오래 구우면 딱딱해지니 주의한다.

4 달걀과 쯔유 2큰술을 볼에 넣고 섞은 뒤 달걀말이를 만들고 식혀서 1cm 두께로 자른다.

5 오이와 당근은 0.1~0.2cm 두께로 채 썰고 생 들기름 1큰술, 소금을 넣어 버무린다.

6 잔멸치에 끓는 물 5~6큰술 정도를 부어 불리고 생 들기름 1큰술을 뿌린다.

7 우메보시는 잘게 자른다.

8 김을 4등분하고 **2**의 밥을 얇게 편다.

9 김밥1에는 우메보시(손톱 2개 분량), 달걀말이, 당근, 오이, 어묵 순으로 얹고 김밥2에는 우메보시, 무순, 달걀말이, 멸치, 어묵 순으로 올린 뒤 돌돌 만다.

10 마무리로 참기름을 바른다.

유부초밥

| 3~4인 |

자꾸만 손이 가는 유부초밥은 남편이 정말 좋아하는 요리예요. 연애할 때 만들어줬더니 48개를 반나절 만에 다 먹어버렸을 정도죠. 우메보시가 없어도 맛있지만 조금만 넣어도 감칠맛이 더해져요. 정말 쉬워서 요리를 못하는 사람도 누구나 도전할 수 있어요. 소풍 도시락이나 직장 도시락으로 준비하면 인기 만점입니다.

Ingredient	유부 조린 것(시판) 30장, 밥 꼬들하게 지은 것 5~6공기, 우메보시 2~3개, 와사비 약간
	고기양념 | 소고기(다짐육) 150g, 마늘 간 것 ½작은술, 물 50ml, 맛간장 2큰술(또는 시판 소
	갈비양념 3큰술), 참기름 1큰술, 식용유 1큰술, 소금 ½작은술, 순후추 ½작은술
	단촛물 | 설탕 1큰술, 소금 1작은술, 양조식초 2~3큰술, 물 3큰술

Recipe

1 유부는 국물을 꼭 짜고 국물과 유부를 따로 둔다.

2 냄비에 식용유를 두르고 소고기, 마늘, 맛간장, 참기름, 소금, 후추를 넣은 뒤 골고 루 볶는다.

3 물을 부어 2분 정도 끓이고 불을 끈다.

4 설탕, 소금, 물을 냄비에 넣고 골고루 섞은 뒤 불을 켠다. 잘 녹으면 식초를 붓고 단 촛물을 만든 다음 밥에 넣고 섞는다.

5 **4**에 **3**의 소고기와 유부국물을 조금 넣고 골고루 비빈 뒤 간을 본다.

6 유부에 **5**의 밥을 잘 채운다.

7 손톱 크기로 자른 우메보시를 가운데 붙인다.

8 윗부분에 와사비를 조금 올린다.

• 단촛물을 만들 때 처음부터 식초를 넣고 끓이면 산이 다 증발하니 불을 끄고 식초를 넣습니다.

• 소고기를 볶을 때 마지막에 물을 넣고 국물을 만들어야 소고기가 밥에 잘 스며듭니다.

• 유부국물은 2~3큰술 정도 넣으면 충분합니다.

하야시라이스

| 7~8인 |

큰 냄비에 만들어도 하루 만에 다 없어지는 하야시라이스는 우리 집에서 카레라이스보다 인기가 많습니다. 아마 식구들 모두 고기를 좋아해서 그런 것 같아요. 녹진한 고기의 맛과 토마토의 감칠맛이 어우러지는 매력적인 요리죠. 시판 소스로 만들어도 유명한 식당 못지않은 맛을 낼 수 있으니 얼마나 행복한지 몰라요. 반숙한 달걀스크램블을 올려 먹으면 그야말로 파라다이스입니다.

Ingredient	소고기(불고기용) 500g, 레드와인 150ml, 양파 1개, 양송이버섯 6~7개, 당근 ½개, 하야시라이스(고형) 160g, 데미글라스(하인즈) 290g, 홀토마토 400g, 월계수 잎 2장, 케첩 2큰술, 우스터소스 2~3큰술, 생크림 1~2큰술, 올리브유 3큰술, 버터 1½큰술, 통후추 간 것 1작은술, 물 1L 이상, 소금 약간, 밀가루 약간

Recipe

1 소고기를 먹기 좋게 자른다.

2 양송이버섯은 슬라이스하고 당근은 곱게 다진다.

3 냄비에 올리브유를 두르고 버터를 넣은 뒤 양파를 채 썰어 넣고 캐러멜색이 될 때까지 볶는다.

4 소고기, 홀토마토, 통후추, 소금을 넣고 노릇노릇하게 볶는다.

5 레드와인을 넣고 디글레이징(냄비 벽에 눌어붙은 육즙을 긁어주며 녹여내는 것)하면서 양송이버섯, 당근을 넣고 볶는다.

6 알코올이 날아가면 물을 붓고 5분 정도 끓인다.

7 국물이 어느 정도 나오면 하야시라이스, 데미글라스, 월계수 잎, 케첩, 우스터소스, 생크림을 넣고 약불에서 40분 이상 끓인다.

8 간이 약하면 소금으로 간하고 농도가 너무 묽으면 밀가루를 체 쳐서 넣어 농도를 잡는다. 하루 정도 숙성시킨 뒤 달걀 반숙 스크램블을 올려 먹는다.

• 양송이버섯은 익으면서 수축되니 어느 정도 두께가 있도록 썰어주세요.

• 달걀 반숙 스크램블 만들기 | 달걀 : 우유를 2:1 비율로 잘 섞고 팬에 식용유를 넉넉히 두른 뒤 달구고 달걀물을 부은 다음 가장자리가 부풀면 1번씩 대각선으로 선을 긋듯이 뒤적이다가 달걀이 완전히 익기 전에 불을 끕니다. 여러 번 휘젓거나 볶지 않습니다.

• 지퍼백에 밀봉해 냉동 보관하면 3개월 정도 두고 먹을 수 있습니다.

• 홀토마토가 없으면 방울토마토를 살짝 데치고 껍질 벗긴 뒤 사용합니다.

• 소고기는 호주산이나 미국산을 사용해도 괜찮습니다.

• 당근은 푸드프로세서로 다지는 것이 좋습니다. 손으로 다진다면 아주 곱게 다져주세요.

카레라이스

| 7~8인 |

저는 우리 집 카레가 세상에서 제일 맛있어요. 이유를 생각해보면 우리 집에서 만든 카레는 버터와 우유가 듬뿍 들어가기 때문인 것 같아요. 요즘은 일본식, 인도식 카레 전문점이 즐비해서 다양하고 맛있는 카레를 즐길 수 있지만, 집에서 만드는 카레라이스는 또 다른 종류의 카레 같아요. 밥을 한없이 먹게 되는 그 맛이 집에서 만든 카레라이스에 있죠. 돼지고기카레도 맛있지만 소고기 갈빗살로 카레를 만들어보길 바랍니다. 카레에 콕콕 박힌 커다란 당근은 너무 싫지만 당근의 단맛이 꼭 들어가야 하니 당근을 갈아서 넣었습니다. 당근을 다져서 한 주먹씩 뭉쳐 냉동실에 넣어두면 요리가 훨씬 편해집니다.

Ingredient	카레(고형) 200~230g, 소고기(갈빗살) 300~400g, 양파 1개, 감자 2~3개, 애호박 1개, 브로콜리 다진 것 50g(생략 가능), 당근 곱게 다진 것 ½개 분량, 양송이버섯 3개, 표고버섯 3개, 우유 500ml, 생크림 2~3큰술(생략 가능), 올리브유 1큰술, 버터 1큰술, 마늘 간 것 2쪽 분량, 통후추 간 것 약간

Recipe

1 감자와 애호박은 작게 깍둑썰고 브로콜리도 같은 크기로 썰고 표고버섯은 슬라이스하고 양송이버섯은 슬라이스한 뒤 2등분한다.

2 소고기는 한입 크기로 썬다.

3 냄비에 올리브유와 버터를 두르고 채 썬 양파를 넣은 뒤 노릇노릇하게 될 때까지 볶는다.

4 3의 냄비에 소고기를 넣고 마늘, 통후추를 넣은 뒤 볶는다.

5 소고기가 익기 시작하면 감자, 양송이버섯, 표고버섯을 넣고 볶는다.

6 수분이 날아가고 바닥과 냄비 벽에 재료가 눌어붙을 때까지 볶는다.

7 재료가 잠길 정도로만 물을 붓는다.

8 바닥과 냄비 벽에 눌어붙은 것까지 긁어내고 당근과 브로콜리를 넣은 뒤 끓이고 한소끔 끓어오르면 5분 정도 더 익힌다.

9 국물이 우러나면 카레를 넣고 잘 푼 뒤 우유를 넣는다. 좀 더 진하게 먹고 싶다면 생크림을 추가한다.

10 감자가 익을 때까지 끓이고 마지막으로 애호박을 넣은 뒤 잘 익으면 불을 끈다.

• 소고기는 꼭 갈빗살을 넣어주세요. 이 카레에는 갈빗살을 넣는 게 훨씬 맛있습니다.

• 다음 날 먹으면 숙성돼 더 맛있습니다.

• 애호박은 일찍 넣으면 다 녹아버려서 마지막에 넣어야 합니다.

• 우유 대신 코코넛크림을 넣으면 코코넛카레가 됩니다. 코코넛밀크는 첨가물 때문에 쓴맛이 날 수 있으니 코코넛크림을 사용하세요. 코코넛카레에는 페퍼론치노를 3개 정도 넣으면 더 매콤하고 맛있습니다.

• 양파를 캐러멜라이즈 할 때는 색이 너무 진하지 않아도 됩니다. 너무 색을 내면 카레가 달아집니다.

중국식 돼지고기덮밥

| 2~3인 |

피시소스 덕분에 콤콤하면서 짭짤한 맛에 매콤한 돼지고기와 시금치가 어울러지는 덮밥입니다. 쉽게 만들 수 있지만 행복한 한 그릇이죠. 피시소스가 들어가 태국식 같지만 홍콩에 있는 요리 친구에게 팁을 전수받은 요리입니다. 고추를 빼고 요리하면 아이들도 잘 먹는 훌륭한 유아식이 됩니다.

Ingredient	밥 2공기, 돼지고기(다짐육) 200g, 시금치 100g, 청양고추 1개, 홍고추 1개, 마늘 3쪽, 맛술(또는 청하) 2큰술, 해선간장(또는 굴소스) 1큰술, 삼계액젓 1큰술, 생강가루 1½작은술, 설탕 ½작은술, 포도씨유 적당량, 후추 약간

Recipe	
1	시금치는 밑동을 자르고 씻는다.
2	청양고추, 홍고추, 마늘을 푸드프로세서에 넣고 잘 간다.
3	팬에 포도씨유를 4큰술 이상 넉넉하게 붓고 **2**를 넣어 튀기듯 볶는다.
4	수분이 날아가고 향이 물씬 나면 돼지고기를 넣는다.
5	맛술, 해선간장, 생강가루, 설탕, 후추를 넣고 간하며 볶는다.
6	돼지고기가 익으면 시금치를 듬뿍 넣는다.
7	삼계액젓을 넣고 시금치 숨이 죽을 때까지만 볶는다.
	• 이때 토치로 불향을 입혀도 좋다.
8	접시에 밥을 얇게 깔고 **7**을 듬뿍 올린다.

• 시금치는 볶으면 숨이 죽기 때문에 팬을 가득 채울 정도로 넉넉하게 넣어도 됩니다.

• 토치로 더 익히면 불맛이 살아 있고 더 맛있습니다. 토치가 없다면 가장 센불에 볶아주세요.

• 시금치 대신 청경채나 그린빈을 넣어도 맛있습니다.

시추안 콜드누들

| 2~3인 |

새콤달콤한 시추안 콜드누들은 중국 음식을 사랑하는 사람들에게는 단비 같은 맛입니다. 중국 현지의 맛을 딱히 좋아하지 않아도 고추기름과 알싸한 파와 마늘, 새콤달콤한 양념 덕분에 입맛 없을 때 먹으면 한 접시가 금세 사라집니다. 만들기 쉽고 담음새가 예뻐 손님이 왔을 때도 제격인 면 요리입니다. 고수를 좋아하는 사람들은 고수를 듬뿍 넣어도 좋고 고수를 넣지 않아도 충분히 맛있어요. 이 메뉴에는 건도삭면을 추천합니다. 두꺼운 면이지만 안쪽과 바깥쪽의 두께에 차이가 나 식감이 재밌어요. 차갑게 먹기에도 적당하고요.

Ingredient	도삭면 150~200g, 쪽파 4줄기, 고수 1줄기
	양념장 ┃ 마늘 다진 것 1큰술(6쪽 분량), 물 7큰술, 맛간장 3큰술, 흑식초 3큰술(또는 양조식초 3~4큰술), 설탕 1큰술, 치우차우칠리오일 ½큰술, 라조장(오뚜기) ½큰술, 생강가루 1작은술, 소금 1작은술, 순후추 ½작은술, 미원 약간

Recipe	
1	도삭면을 끓는 물에 넣고 5분 정도 삶는다.
2	고수는 먹기 좋게 2cm 길이로 썰고 쪽파는 송송 썬다.
3	분량의 재료를 골고루 섞어 양념장을 만든다.
4	**1**의 도삭면을 찬물에 헹구고 물기를 뺀다.
5	도삭면을 그릇에 담고 쪽파, 고수를 올린 뒤 **3**의 양념장을 올린다.

• 양념장은 간을 봤을 때 새콤달콤하고 짭짤해야 합니다. 설탕, 식초, 소금의 양을 취향에 따라 조절하세요. 물을 꼭 넣어야 면과 잘 비벼집니다.

• 양념장은 치우차우칠리오일만으로도 충분하지만 오뚜기 라조장을 조금 넣으면 마라의 향까지 느낄 수 있습니다. 오뚜기 라조장이 없다면 치우차우칠리오일을 1큰술 넣어주세요.

유즈코쇼오이샌드위치

| 2~3인 |

오독오독 씹히는 오이와 스모키한 마요네즈, 그리고 상큼한 유즈코쇼 향이 스치는 샌드위치입니다. 취향에 따라 치즈나 햄을 넣어도 맛있어요. 10년 전만 하더라도 우리나라에서 유즈코쇼를 구하기가 어려웠는데 지금은 마트나 온라인에서도 구입할 수 있어요. 유즈코쇼는 직접 만들어도 좋지만 시판 제품을 사용해도 됩니다. 유즈코쇼와 스모키머스터드를 이용해 쉽게 만들 수 있는 샌드위치에 한번 도전해보세요. 샌드위치는 맛있는 식빵만 있어도 50%는 성공한 것이니 보드랍고 촉촉한 식빵을 추천합니다.

식빵(촉촉한 것) 4장, 오이(백오이 또는 취청오이) 2개, 유즈코쇼 ½큰술(p.248 참고), 맛소금 ½큰술, 마요네즈 약간

소스 | 마요네즈 2큰술, 설탕 1작은술, 스모키머스터드(코즐릭스) 1작은술, 유즈코쇼 ½작은술, 통후추 간 것 약간

Recipe

1 오이를 얇게 슬라이스해서 볼에 담는다.

2 유즈코쇼와 맛소금을 뿌리고 30분 정도 재운다.

3 오이에서 수분이 나오면 손으로 꽉 짜서 최대한 물기를 제거한다.

4 오이를 볼에 담고 분량의 소스 재료를 넣은 뒤 골고루 섞는다.

5 식빵에 마요네즈를 얇게 바르고 **4**를 올린다.

6 랩으로 싸서 냉장실에 20분 정도 둔 뒤 가장자리를 자른다.

• 오이는 1~2개를 먹었을 때 너무 짜면 물로 씻지 말고 정수된 물을 살짝 넣은 뒤 꽉 짜주세요.

• 오이는 천일염이 아닌 미네랄이 제거된 정제염 같은 맛소금으로 절여야 쓴맛이 없습니다.

• 유즈코쇼도 소금에 절인 것이므로 소금이나 유즈코쇼를 많이 넣으면 너무 짤 수 있으니 오이를 절인 뒤 꼭 간을 봐주세요.

• 글래드사의 매직랩을 이용해서 샌드위치를 감싸주세요. 고정이 잘 돼서 예쁘게 자를 수 있습니다.

에그마요샌드위치

| 2~3인 |

생각보다 많은 사람들이 에그마요샌드위치 만들기를 어려워합니다. 집에서 만들면 왜 사 먹는 맛이 나지 않는지 궁금한 분들을 위한 레시피입니다. 제 에그마요는 홀그레인머스터드가 들어가지 않아요. 강한 홀그레인머스터드를 넣으면 맛이 평범해지고 아이들은 먹기 힘들죠. 좀 더 친근하고 특별한 에그마요샌드위치를 만들고 싶은 분들에게 추천합니다.

Ingredient	식빵 4장, 달걀 삶은 것 6개, 쪽파(또는 영양부추) 4줄기, 마요네즈(하인즈) 7큰술, 통후추 간 것 1작은술, 설탕 1작은술, 소금 ½작은술, 넛맥 약간, 백후추 약간(생략 가능)

Recipe

1 달걀은 10분 30초 정도 삶고 껍질을 벗긴다.

2 쪽파는 송송 썬다.

3 달걀에 쪽파, 마요네즈, 통후추, 설탕, 소금, 넛맥, 백후추를 넣는다.

4 숟가락으로 달걀을 으깨며 골고루 섞는다.

5 4의 ½ 분량을 식빵에 올리고 다른 식빵으로 덮은 뒤 1개를 더 만든다.

6 랩으로 싸고 냉장 보관한 뒤 가장자리를 자른다.

• 달걀 삶는 법 ┃ 달걀은 너무 오래 삶으면 달걀노른자가 푸르게 변하고 냄새가 나니 정확하게 10분 30초만 삶는 것이 중요합니다. 다음의 순서대로 삶는 것이 좋습니다.

1 차가운 상태의 달걀을 냄비에 넣는다.

2 끓는 물을 붓자마자 타이머를 켜고 달걀을 삶는다.
 • 7분으로 맞추면 달걀노른자가 수란처럼 흘러내리는 반숙이 됩니다.

3 10분 30초 정도 삶고 불을 끈 뒤 찬물에 담근다.

4 달걀을 1분 정도 식히고 바로 껍질을 깐다.

• 마요네즈는 7큰술 이상 넉넉하게 넣지 않으면 맛이 없습니다. 이렇게 많이 넣어야 되나 할 정도로 넣어야 합니다. 달걀과 비슷한 양의 마요네즈를 넣어야 밖에서 사 먹는 크리미한 에그마요샌드위치를 만들 수 있습니다. 신맛이 강하지 않은 하인즈의 마요네즈를 추천합니다.

참치파스타

| 2인 |

이 파스타는 많은 사람들에게 알려진 제 시그니처 메뉴입니다. 양식을 싫어하는 60대 부모님도 좋아하셨다는 후기부터 외국인 남편의 극찬을 이끌어냈다는 후기까지, 정말 행복한 피드백을 많이 받았습니다. 참치와 케이퍼를 넣은 참치파스타는 제 취향을 고스란히 반영한 레시피입니다. 소스가 가득 묻은 참치가 쏙 들어간 올리브가 어우러져 너무 맛있습니다. 이 레시피의 인기 비결은 맛있기도 하지만 만들기가 너무 쉬워서인 것 같아요. 간을 볼 필요 없이 순서대로 따라 하면 맛있는 파스타가 완성됩니다. 한번만 만든 사람은 없다는 이 맛을 많은 사람들이 즐겼으면 좋겠습니다.

Ingredient

링귀네 190g, 소금 약간

소스 | 참치 100g, 케이퍼베리 15개, 양파 다진 것 30~40g, 마늘 다진 것 2쪽 분량, 토마토소스 5큰술, 그린올리브(피티드 카스텔 베트라노) 20~30개, 설탕 1작은술, 오레가노 약간, 소금 약간, 후추 간 것 약간, 올리브유 약간, 페퍼론치노 약간(생략 가능), 그라나파다노 약간(생략 가능)

Recipe

1 케이퍼베리 8개는 줄기를 떼고 다진다.

2 냄비에 물을 넉넉히 붓고 끓으면 링귀네, 소금을 넣어 70% 정도 익힌다.

3 다른 팬에 올리브유를 넉넉히 두르고 양파, 마늘을 넣어 볶는다. 매콤한 맛을 원한다면 페퍼론치노 몇 개를 넣는다.

4 향이 올라오면 토마토소스를 넣고 끓인다.

5 토마토소스가 끓으면 참치, 1의 케이퍼베리, 그린올리브, 설탕, 오레가노를 넣는다.

6 2의 링귀네와 면수 1~2국자를 넣고 좀 더 익힌다. 이때 파스타를 잘 저어야 전분이 나와 소스와 면이 잘 유화된다.

7 소금으로 간하고 그릇에 담은 뒤 그라나파다노, 후추, 줄기를 떼지 않은 나머지 케이퍼베리를 뿌리고 올리브유를 둘러서 마무리한다.

- 씨를 뺀 올리브를 사용합니다. 카스텔 베트라노는 올리브 품종으로 마다마 제품을 추천합니다. 피티드 블랙올리브도 맛있습니다.
- 참치파스타에는 케이퍼나 케이퍼베리가 들어가야 합니다. 우리가 아는 케이퍼caper는 꽃봉오리이며 케이퍼베리caper berry는 케이퍼의 열매로, 이 레시피는 케이퍼베리를 넣습니다. 얇게 썰어서 넣고 마지막에 몇 개 올려주면 맛도 모양도 좋습니다.
- 참치파스타는 토마토파스타가 아닌 오일파스타이므로 올리브유를 넉넉하게 넣어주세요.
- 토마토소스는 데체코의 나폴레티나를 추천합니다. 바질이 살짝 들어간 기본 토마토소스로 참치파스타와 궁합이 좋습니다. 토마토소스를 넣는 것은 감칠맛을 극대화시키기 위한 것이지만 신맛과 쓴맛이 있어 설탕을 살짝 넣어야 합니다.
- 오레가노는 토마토소스의 짝꿍으로 파스타에 넣으면 좋은 향이 납니다.

화이트라구파스타

| 1인 |

라구는 우리나라의 된장찌개처럼 같은 레시피로 만들어도 집집마다 맛이 달라지는 너무 재밌는 음식입니다. 우리 집 냉동실에서 떨어지면 안 되는 음식 중 하나가 라구소스입니다. 지금은 라구 레시피를 쉽게 찾을 수 있지만 제 레시피는 더욱 특별하다고 자신 있게 말할 수 있어요. 돼지고기 함유량을 높여 부드럽고 고소한 맛이 납니다. 화이트라구를 만들면 그대로 먹을 수도 있고, 토마토를 넣어 먹을 수도 있어 유용합니다. 시간이 좀 걸리지만 꼭 만들어보세요. 우리 집 식탁에서 이탈리아 할머니의 푸근함을 느낄 수 있을 거예요.

화이트라구(10인)

Ingredient

소고기(양지) 500g, 소고기(갈빗살) 300g, 돼지고기(목살 다짐육) 300g, 베이컨 5줄, 셀러리 1대, 당근(작은 것) 1개, 양파 1개, 표고버섯 4개, 마늘 간 것 7쪽 분량, 화이트와인 100㎖, 레드와인 100㎖, 끓인 물 1L, 타임 말린 것 1½작은술, 로즈메리 말린 것 1작은술, 버터 1큰술, 생크림 100㎖, 그라나파다노 50g, 월계수잎 2장, 소금 2작은술, 후추 간 것 1작은술, 올리브유 적당량

Recipe

1 양지와 갈빗살은 분량의 ⅓은 손톱 크기로 썰고 나머지는 푸드프로세서로 다진다.

2 베이컨, 셀러리, 당근, 양파, 표고버섯을 푸드프로세서에 넣고 각각 곱게 다진다.
  • 가루처럼 곱게 다지는 것이 중요하다. 채소 입자가 커서 눈에 보이면 예쁘지도 않고 맛도 좋지 않다. 베이컨은 감칠맛을 내는 재료로 고기 양에 따라 3~10줄 정도 넣으면 된다.

3 팬에 올리브유를 넉넉히 두르고 마늘, 버터를 넣어 향을 낸다.

4 **2**의 채소를 넣고 타임 ½작은술 뿌린 뒤 볶는다.

5 소고기, 돼지고기, **2**의 베이컨을 넣고 볶는다.

6 고기에서 붉은색이 사라질 때쯤 화이트와인, 레드와인, 타임 1작은술, 로즈메리, 소금, 후추를 넣고 물기가 없어지고 바닥에 살짝 눌어붙을 때까지 볶는다.
  • 누룽지처럼 살짝 눌러붙을 정도로 볶아야 맛있다. 대충 볶지 않도록 한다.

7 끓인 물을 넉넉하게 붓고 벽에 눌어붙은 소스를 잘 긁은 뒤 약불에서 1시간 정도 끓인다.
  • 토마토라구를 만들고 싶다면 이때 토마토페이스트를 넣는다. 산마르자노 홀토마토캔이나 무띠 토마토페이스트를 추천한다.

8 생크림, 그라나파다노, 월계수잎을 넣고 최대한 약한 불에서 2시간 정도 저으면서 더 끓인다.
  • 라구는 1시간, 2시간, 3시간 끓일 때마다 맛이 다 다르다. 3시간을 꼭 지키도록 한다.

9 취향에 따라 소금으로 간하고 5분 정도 더 끓인 뒤 식혀서 한번 먹을 양만큼 나눠서 냉동실에 보관한다.
  • 두꺼운 지퍼백에 넣으면 냉동실에서 6개월, 냉장실에서 1주일 정도 보관 가능하다.

화이트라구파스타 (1인)

Ingredient

화이트라구 180g, 탈리아텔레 90g, 달걀노른자 1개 분량, 생크림 1큰술(생략가능), 올리브유 적당량, 그라나파다노 적당량, 소금 약간, 후추 간 것 약간

Recipe

1 탈리아텔레를 끓는 물에 넣고 80% 정도 익힌다.

2 팬에 올리브유 1큰술을 두르고 화이트라구, 생크림, 면수 1국자를 넣은 뒤 졸이고 **1**의 탈리아텔레를 넣고 섞는다. 간을 보고 소금으로 간한다.

3 **2**를 접시에 담고 달걀노른자를 올린 뒤 그라나파다노를 듬뿍 올리고 후추, 올리브유를 뿌린다.

- 와인의 수분을 날리는 과정은 고기의 양에 따라 시간이 오래 걸릴 수 있으니 충분한 인내심이 필요합니다. 고기가 3kg 정도 되면 볶는 시간만 2시간 이상 걸릴 수 있습니다.

- 그라나파다노는 가장자리 부분을 넣고 끓이면 좋습니다. 평소에는 딱딱해서 잘 쓰지 못하는 부분이지만 라구에 넣으면 맛있습니다.

- 라구는 오래 끓이는 음식이라 두꺼운 곰솥이나 대형 주물솥에 넣고 끓이면 좋습니다.

- 간을 약하게 하면 아이도 함께 먹을 수 있습니다. 어른이 먹을 때만 소금으로 간을 더하면 됩니다.

- 베이컨은 아질산나트륨(발색제)이 들어가지 않은 것을 추천합니다. 단백질 중 아민이라고 하는 일종의 지방산이 있는데, 아민과 아질산나트륨이 결합하면 니트로소아민이라고 하는 발암물질이 형성됩니다. 니트로소아민은 그 자체만으로도 강한 발암성을 지닌 물질이니 주의하세요.

버섯보리리소토

| 2~3인 |

버섯리소토를 너무 좋아해서 세상의 모든 버섯리소토 레시피는 다 찾아본 듯합니다. 그 집착을 바탕으로 탄생한 리소토라 정성이 많이 들어갔습니다. 이 레시피는 알알이 씹히는 보리와 다양한 버섯이 만나 더 맛있습니다. 딜과 버섯이 만나 숲속의 버섯 향이 나고 콤콤하고 짭짤한 그뤼에르가 여운을 남기죠. 생 딜보다는 건조한 딜을 추천합니다.

| Ingredient | 쌀 75ml, 보리 75ml, 표고버섯 1~2개, 양송이버섯 1개, 만가닥버섯 25g, 참타리버섯 25g(생략 가능), 팽이버섯 12g, 양파 다진 것 30~40g(또는 샬롯 2개 분량), 화이트와인(달지 않은 것) 40ml, 그뤼에르 40g, 그라나파다노 20g + 약간(장식용), 버터 1½큰술, 트러플오일 1큰술, 딜 말린 것 약간, 올리브유 약간, 소금 약간 |
| | 버섯국물 ¦ 끓는 물 1L, 건표고버섯 15g, 건목이버섯 3개, 치킨스톡(큐브) 1개 |

Recipe	
1	끓는 물에 건표고버섯과 건목이버섯을 넣고 10분 정도 끓인 뒤 치킨스톡을 섞어 버섯국물을 만든다. 국물을 낸 건표고버섯은 버리고 건목이버섯은 건져서 채 썬다.
2	팽이버섯을 2~3등분하고 오븐 팬에 펼친 뒤 180℃로 예열한 오븐에서 13분 정도 굽는다. 수분이 날아가 지푸라기 느낌이 나고 누런색이 날 정도로 굽는다.
3	팬에 올리브유를 두르고 가닥가닥 뗀 만가닥버섯, 참타리버섯을 넣어 노릇노릇하게 색이 날 때까지 굽는다.
4	쌀과 보리는 씻고 체에 밭친다.
5	표고버섯과 양송이버섯은 얇게 슬라이스한다.
6	팬에 올리브유를 두르고 버터 1큰술을 넣은 뒤 양파를 넣고 투명해질 때까지 볶는다.
7	쌀과 보리를 넣고 표면을 코팅하듯 볶는다.
8	표고버섯, 양송이버섯, 1의 건목이버섯을 넣고 코팅하듯 볶는다.
9	화이트와인을 넣고 잘 뒤적이며 알코올과 수분을 날린다.
10	1의 버섯국물을 1국자씩 넣으며 국물이 흡수될 때까지 잘 저으며 15분 정도 끓인다.
11	쌀이 70% 정도 익으면 3의 만가닥버섯과 참타리버섯을 넣는다.
12	그뤼에르와 그라나파다노를 곱게 갈아서 넣고 섞는다.
13	소금으로 간하고 1의 버섯국물을 2국자 정도 넉넉하게 넣어 익힌 뒤 쌀 심지가 조금 남아 있을 때 불을 끄고 버터 ½큰술, 트러플오일을 넣고 섞는다.
14	그릇에 얇게 펴서 담고 그라나파다노, 딜, 2의 팽이버섯을 뿌린다.

- 리소토는 쌀의 전분이 잘 나오는 게 핵심이므로 쌀을 너무 열심히 씻지 말고 2회 정도만 씻어주세요.

- 버섯리소토는 약간 되직하게 만들어야 맛있습니다.

- 치킨스톡은 닭고기만 100% 사용한 스톡보다는 채소와 닭고기로 맛을 낸 감칠맛 좋은 제품을 사용하세요.

- 화이트와인은 1~2만 원 정도 가격의 달지 않은 샤도네이를 추천합니다.

- 국물에 들어가는 버섯 외에 표고버섯, 만가닥버섯, 팽이버섯은 꼭 들어가야 맛있습니다.

11

12

13

14

애호박카르보나라파스타

| 2인 |

외국에서 살고 있는 이모가 알려주신 레시피를 제 취향에 맞게 다시 정리했습니다. 애호박이 오일과 함께 불에 녹으면 버터보다 더 진하고 맛있어져요. 베이컨이나 판체타를 볶으며 어렵게 만들지 말고 애호박으로 버터리하고 녹진한 맛을 느껴보세요. 베이컨이나 가공육이 들어가지 않아 아기도 먹을 수 있습니다.

Ingredient	스파게티 190g, 애호박 ⅓개, 달걀노른자 3개 분량, 그라나파다노 간 것 70g+약간(소스용, 마무리용), 후추 간 것 1작은술+약간(소스용, 마무리용), 마늘 곱게 다진 것 1쪽 분량, 올리브유 적당량, 맛소금 약간, 소금 약간

Recipe	
1	냄비에 스파게티와 맛소금을 넣고 7분 정도 알덴테로 삶은 뒤 건진다.
	• 삶는 시간은 파스타마다 다르니 포장의 권장 시간를 따르는 것이 좋다.
2	애호박을 강판으로 얇게 채 썬다.
3	달걀노른자, 그라나파다노, 후추, 뜨거운 면수 ½국자를 큰 볼에 넣고 거품기로 빠르게 젓는다. 이때 달걀노른자가 익지 않도록 주의한다.
4	팬에 올리브유를 아주 넉넉히 넣고 마늘을 넣은 뒤 향이 올라올 때까지 볶는다.
5	애호박을 넣고 잘 익어서 끈적해질 때까지 볶은 뒤 스파게티를 넣고 김이 빠지도록 잘 섞는다.
6	**5**를 **3**의 소스에 붓고 빠르게 비빈다. 이때도 달걀노른자가 익지 않도록 주의한다.
7	소금으로 간하고 접시에 담은 뒤 올리브유를 두르고 그라나파다노, 후추로 마무리한다.

• 치즈소스를 만들 때 뜨거운 면수를 ½국자 이상 넣지 않는 것이 좋습니다. 꾸덕한 파스타가 좋다면 면수를 ¼국자로 줄여주세요.

• 애호박은 채칼 대신 강판이나 굵은 치즈그레이터를 사용하면 가늘거나 고르지 않고 먹음직스럽게 채 썰 수 있어서 보기에 좋습니다.

• 애호박카르보나라파스타는 처음부터 끝까지 맛소금을 쓰는 것을 추천합니다. 게랑드셀은 사용해도 괜찮지만 천일염이나 맛돈 소금은 약간 쓴맛이 나니 피하세요.

명란크림파스타

| 2인 |

이탈리아에는 없지만 모두가 좋아하는 명란크림파스타입니다. 보통 명란파스타는 흥건한 크림이나 오일에 명란을 달달 볶아 만드는 경우가 대부분입니다. 저는 가쓰오부시와 김의 향이 올라오면서 꾸덕한 우리 집 명란크림파스타를 소개합니다. 이 파스타는 일본의 멘타이코우동(명란우동)을 먹고 만들어본 파스타로 남녀노소 누구나 좋아할 수밖에 없는 맛입니다.

Ingredient	스파게티 190g, 명란(큰 것) 1줄+1큰술, 흰다리새우 3개, 양파 채 썬 것 ¼개 분량, 마늘 다진 것 1쪽 분량, 치즈(아기용) 슬라이스 1장, 휘핑크림 150ml, 쯔유 2큰술, 올리브유 4큰술+약간 (마무리용), 소금 2작은술, 그라나파다노 간 것 적당량, 김가루(무조미) 약간, 가쓰오부시 약간 (생략 가능)

Recipe	
1	흰다리새우는 씻어서 껍질을 벗기고 머리와 몸통을 분리한다.
2	명란은 껍질을 제거하고 알만 준비한다.
3	냄비에 끓는 물을 붓고 소금을 넣은 뒤 스파게티를 70% 정도 익힌다.
4	팬에 올리브유를 두르고 양파, 마늘을 넣고 볶는다.
5	새우 머리 2개를 넣고 새우 머리를 짓누르며 볶는다.
6	양파 색이 노릇노릇해지고 고소한 향이 나면 면수 1국자를 넣고 새우 머리 국물이 잘 우러나도록 5분 정도 끓인다.
7	새우 몸통, 스파게티, 면수 1~2국자, 휘핑크림, 쯔유를 넣고 저으면서 익힌다.
8	스파게티가 익을 때쯤 **2**의 명란을 넣는다.
9	그라나파다노, 치즈를 넣고 녹을 때까지 잘 섞은 뒤 불을 끈다.
10	**9**를 그릇에 담고 그라나파다노를 뿌린 뒤 명란 1큰술, 김가루, 가쓰오부시를 올리고 올리브유를 두른다.

- 소스에 스파게티를 넣은 뒤에는 쉴 새 없이 면을 괴롭히듯 소스와 버무려가며 볶아주세요. 파스타에서 전분이 빠져나와서 소스와 유화가 잘됩니다.
- 우유를 넣으면 꾸덕이지 않고 막이 생기는 어설픈 파스타가 되니 꼭 휘핑크림을 사용하세요. 페이장 브레통의 휘핑크림을 추천합니다.
- 명란과 쯔유는 염도가 높기 때문에 스파게티를 삶을 때 평소보다 소금을 덜 넣어주세요.
- 아기용 치즈는 체다치즈로 염도가 아주 낮고 치즈 특유의 향이 강하지 않아 파스타 농도를 잡기에 좋습니다.

멕시칸 화이타

| 3~4인 |

멕시코 음식을 좋아한다면 주목하세요. 재료를 준비하는 과정도 재밌고, 집에서도 푸짐하고 근사하게 먹을 수 있어 더 좋은 메뉴입니다. 아보카도고수크림은 한 멕시코계 인플루언서가 알려준 레시피로 사워크림 대신 그릭요거트를 사용하며 과카몰리 대신 활용할 수도 있고 더 맛있어요. 타코에도 활용할 수 있어서 알아두면 유용합니다. 살사는 미국에서 오래 생활했던 친구의 남편에게 배운 레시피로 상큼하고 매콤해서 나초에 올려 먹어도 좋아요.

Ingredient	새우살(냉동) 200g, 소고기(갈빗살) 200g, 양파 채 썬 것 ¼개 분량, 훈제파프리카가루 1½작은술, 버터 20g, 슈레드치즈 50g, 고수 2줄기, 6인치 토르티야 10장, 포도씨유 1큰술, 화이트와인 적당량, 타코시즈닝 적당량
	아보카도고수크림 | 아보카도 1개, 그릭요거트(p.244 참고) 160g, 물 7큰술, 고수 2줄기, 마늘 3쪽, 올리브유 2큰술, 라임즙 ½개 분량, 설탕 1작은술, 소금 ½작은술, 후추 ½작은술
	토마토살사 | 대추방울토마토 10~15개, 스위트오이피클(넬리스위트피클) 1알, 적양파 ¼개, 양파 ¼개, 고수 2줄기, 마늘 간 것 1작은술(2쪽 분량), 라임즙 ½개 분량, 할라페뇨 1½큰술, 올리브유 4큰술, 타바스코소스 2큰술, 화이트발사믹식초 3큰술, 바질 말린 것 ½큰술, 설탕 1작은술

Recipe	1	새우살에 화이트와인을 뿌려 해동하고 새우 등을 따라 일자로 칼집을 낸 뒤 타코시즈닝을 듬뿍 뿌려 재운다.
	2	소고기는 먹기 좋게 자르고 타코시즈닝을 뿌린다.
	3	팬에 포도씨유를 두르고 소고기, 새우살을 넣은 뒤 훈제파프리카 가루 1작은술을 넣고 잘 섞으며 굽는다. 다 익히고 토치로 한번 더 익힌다.
	4	새우와 소고기를 구웠던 팬에 버터를 넣고 양파, 훈제파프리카가루 ½작은술을 넣어 볶는다.
	5	분량의 아보카도고수크림 재료를 푸드프로세서에 넣고 간다. • 그릭요거트 대신 사워크림을 사용해도 좋다. 저지방 요거트는 적합하지 않다.
	6	대추방울토마토는 씨와 속을 긁어내고 키친타월로 눌러 물기를 제거한다.
	7	스위트오이피클, 적양파, 양파, 고수, 마늘, 할라페뇨를 모두 다지고 대추방울토마토와 나머지 재료를 넣은 뒤 골고루 섞어서 토마토살사를 만든다.
	8	토르티야를 마른 팬에 굽는다.
	9	슈레드치즈, 5의 아보카도고수크림, 7의 토마토살사, 자른 고수를 작은 볼에 각각 담고 3의 새우, 소고기, 4의 양파, 토르티야를 접시에 담아서 모두 함께 낸다.

• 토르티야에 원하는 재료와 소스를 올려 싸 먹으면 됩니다.

• 새우와 소고기를 구울 때는 식용유를 사용하세요. 익숙한 기름의 향이 더해져야 먹음직스러워요.

PART 4

한식당보다 맛있는 메뉴

피자, 치킨을 즐겨 먹다가도 문득 한식이 생각납니다. 어쩔 수 없는 한국인인 가봐요. 어렸을 때 외국에 자주 나가면서 빵과 버터만 먹고도 살 수 있을 것 같았는데, 아니더라고요. 감자가 살포시 들어간 따뜻하고 달콤한 고추장찌개가 어찌나 맛있는지. 한식은 손이 많이 가는 요리입니다. 노포의 깊은 맛을 집에서 내기가 쉽지 않죠. 하지만 이 파트의 비법으로 우리 집에서 노포의 맛을 즐겨보세요. 밖에서 먹을 때 더 맛있는 메뉴를 집밥으로 새롭게 소개합니다.

경상도식 소고기뭇국

| 6~7인 |

소고기뭇국은 은근히 맛을 내기가 어려워요. 빨간 기름이 동동 뜬 경상도식 소고기뭇국은 고향이 경상도가 아니라도 한번쯤은 들어보거나 먹어봤을 거예요. 육개장과 비슷하지만 더 담백하고 끓이기 쉬운 경상도식 소고기뭇국을 소개합니다. 외가가 대구였던 터라 어렸을 때 이 뭇국을 자주 먹었는데 그 따뜻한 맛이 아직도 기억이 납니다. 얼큰하고 감칠맛 있는 경상도식 소고기뭇국을 맛있게 끓이는 방법을 알려드릴게요.

Ingredient

소고기(양지 또는 국거리용) 자른 것 300g, 무 350g, 콩나물 다듬은 것 100g, 고기느타리버섯 100g, 물 1L, 파 2대, 마늘 간 것 2~3쪽 분량, 국간장 2큰술, 고춧가루 2큰술, 식용유 2큰술, 다시마맛간장 1큰술, 삼계액젓 1큰술, 까나리액젓 1큰술, 맛소금 1½작은술, 설탕 ½작은술, 참기름 ½큰술(생략 가능)

Recipe

1 냄비에 물을 넣고 소고기를 넣은 뒤 40분 정도 푹 끓인다.
   - 소고기는 덩어리, 자른 것 둘 중 어떤 것을 사용해도 괜찮다.
   - 압력솥에서 끓인다면 추가 돌고나서 15분 정도 지나면 불을 끈다.

2 무는 분량의 ½은 빗겨썰기하고 나머지는 나박썰기한다.

3 파는 손가락 길이로 자른 뒤 길게 2등분하고 고기느타리버섯은 잘게 찢는다.

4 1의 냄비에 무, 콩나물, 파, 고기느타리버섯, 고춧가루, 식용유, 참기름을 넣고 10분 정도 끓인다.

5 국간장, 다시마맛간장, 삼계액젓, 까나리액젓, 맛소금으로 간한다.

6 마늘, 설탕을 넣고 무가 잘 익을 때까지 20분 이상 푹 끓인다.

- 식용유는 포도씨유처럼 향과 냄새가 없는 것을 넣습니다. 고춧가루와 어우러져 고추기름이 됩니다. 절대 느끼하지 않으니 꼭 넣어주세요. 이때 취향에 따라 참기름을 같이 넣어줍니다.

- 설탕을 넣으면 고춧가루의 쓴맛이 사라집니다. 설탕을 넣는다고 국물에서 단맛이 나는 것은 아니니 꼭 넣어주세요.

- 소고기나 무를 볶지 않고 끓이는 게 중요합니다. 소고기와 무, 고춧가루를 볶으면 쓴맛이 날 수 있지만 그냥 끓이면 소고기와 무의 깊은 맛만 남습니다.

- 하얀 뭇국을 끓이고 싶다면 같은 방식으로 끓이면서 콩나물 대신 손바닥 크기의 다시마 1~2조각을 넣은 뒤 식용유와 고춧가루, 설탕을 빼고 끓입니다. 파는 1대만 들어가도 됩니다. 간은 국간장 1큰술, 다시마맛간장 1큰술, 삼계액젓 1큰술, 까나리액젓 ½큰술, 천일염 1작은술로 맞춥니다. 하얀 뭇국은 국간장이 1큰술 이상 들어가면 색깔이 진해지니 간이 약하면 천일염을 추가합니다. 맛소금은 약간의 단맛이 나므로 하얀 뭇국에서는 쓰지 않는 것이 좋습니다.

수육과 보쌈무김치

| 3~4인 |

집에서 가장 쉽게 만들 수 있고 밖에서 사 먹는 것보다 맛있는 음식을 하나 뽑으면 바로 수육입니다. 촉촉하게 잘 삶은 따뜻한 수육은 외식이나 배달보다는 집에서 해먹는 게 맛있어요. 우리 집은 어릴 때부터 수육을 양파 장에 찍어 먹었습니다. 맛은 양파장아찌와 비슷하지만 숙성시키지 않아서 만들기가 편합니다. 싱싱한 새우젓을 곁들이는 수육이 최고라고 생각할 수도 있지만, 콤콤한 새우젓과 액젓이 어우러진 매콤한 특제 양념도 정말 맛있어요. 인터넷에 떠도는 수많은 수육 레시피 중 안 해본 것이 없다고 자부할 정도로 수육을 좋아하기에 많은 시도와 공부 끝에 만든 레시피입니다. 꼬들꼬들하면서 맛있는 보쌈무김치도 꼭 곁들여보세요.

수육

Ingredient

돼지고기 삼겹살 500g~1kg, 마늘 다진 것 8쪽 분량, 소주 2컵(소주잔 기준), 생강가루 1큰술, 통후추 1큰술, 미원 2작은술, 겨자 약간

양파장 | 양파 ½개, 마늘 2쪽, 청양고추 1개, 맛간장 15큰술, 식초 3큰술

매콤장 | 까나리액젓 2큰술, 고추장 1큰술, 멸치액젓 1큰술, 새우젓 1큰술, 매실청 ½큰술, 마늘 다진 것 1개 분량, 순후추 1작은술, 생강가루 1작은술

Recipe

1 양파장에 들어갈 양파는 깍둑썰기하고 마늘은 편으로 썰고 청양고추는 송송 썬다.

2 1의 채소와 맛간장, 식초를 잘 섞고 맛을 본 뒤 먹기 전에 물을 약간 넣어 염도를 조절한다.

3 압력솥에 돼지고기를 넣고 마늘, 소주, 생강가루, 통후추, 미원을 넣은 뒤 끓는 물을 붓고 중불에서 삶는다.

4 분량의 재료를 골고루 섞어 매콤장을 만든다.

5 3의 압력솥 추에서 소리가 나면 12~20분 더 삶고 불을 끈 뒤 추를 젖혀 김을 빼고 돼지고기를 바로 건진다.

6 돼지고기를 꺼내 한 김 식히고 얇게 썬 뒤 매콤장과 양파장, 겨자를 곁들인다.

• 수육용 삼겹살이나 앞다리살을 살 때는 꼭 기름과 껍질이 붙은 미박 삼겹살을 구입하세요. 껍질이 붙어 있어야 쫀득하고 맛있습니다.

• 삼겹살의 두께가 6cm 이하면 압력솥의 추가 돌고 12분 정도만 더 익히면 충분합니다. 너무 오래 삶으면 고기가 퍽퍽해지고 녹아버려요. 7cm 이상의 두꺼운 삼겹살이라면 20분 이내로 삶아요. 냄비에서 삶는다면 40분~1시간 정도 삶아주세요.

• 수육을 따뜻하게 먹기 위해 물에서 꺼내지 않고 담가두는 경우가 있는데 그러면 육즙이 다 빠지고 고기가 푸석해집니다. 나중에 먹을 것일수록 꼭 꺼내둡니다.

• 신선한 삼겹살을 사용해야 합니다. 삼겹살이 덜 신선하거나 미원에 거부감이 있다면 캔맥주(소) 1캔, 양파 ½개, 통후추 1큰술, 설탕 1큰술, 생강가루 ½큰술, 된장 ½큰술을 넣고 삶아도 맛있습니다.

보쌈무김치

Ingredient

무 ½통, 양파 채 썬 것 ½개, 미나리(또는 쪽파, 부추) 잘게 썬 것 4줄기 분량, 물엿 200ml, 고 춧가루 3큰술, 참기름 1큰술, 맛소금 ½큰술

양념 | 물엿 3큰술, 까나리액젓 2큰술, 멸치액젓 2큰술, 새우젓 1큰술, 매실청 1큰술, 마늘 간 것 1큰술, 쪽파 흰 부분 송송 썬 것 적당량

Recipe

1 무는 1cm 너비로 길게 썬다.

2 물엿, 맛소금을 넣고 한번씩 뒤적이며 3시간 동안 절인다. 시간을 꼭 지킨다.

3 2의 무를 헹구지 말고 그대로 면포에 넣어 물기를 꽉 짠다.

4 고춧가루를 뿌리고 골고루 무친 뒤 빨갛게 물이 들 때까지 5분 정도 둔다.

5 4에 분량의 양념 재료를 넣고 골고루 섞는다.

6 양파, 미나리를 넣고 골고루 섞는다.

7 먹기 직전에 참기름을 넣고 조물조물 무친다.

- 무를 짤 때 면포를 이용하면 더 꼬들꼬들해집니다.

- 미나리, 쪽파, 부추 중 취향에 따라 좋아하는 것을 넣습니다.

- 소금은 맛소금이나 천일염을 사용합니다. 핑크솔트는 쓴맛의 원인이 되니 사용하지 마세요.

- 참기름은 꼭 먹기 직전에 넣고 무칩니다. 미리 넣으면 산화돼 전내가 납니다.

- 만들고 나서 바로 먹어도 되지만 1~3일 정도 숙성시키면 더 맛있습니다.

바지락칼국수

| 2~3인 |

중학교 때부터 맛집을 찾아다녔던 저는 고등학교 때 매일 다녔던 칼국숫집을 잊을 수가 없어요. 당시 친구들과 너무 맛있게 먹었던 시원한 바지락칼국수는 채소 같은 부재료가 없고 뽀얀 국물에 산더미 같은 바지락만 들어 있었어요. 지금도 바지락칼국수에 대한 기준이 그 가게에 맞춰져 있을 정도예요. 그때의 칼국수와 흡사한 우리 집 칼국수의 비법은 멸치국물입니다. 바지락만으로도 감칠맛을 낼 수 있지만 멸치국물을 넣어야 최고의 맛이 납니다. 국물 자체도 맛있지만 삭힌 고추지를 조금 올려 먹으면 더 맛있어요.

Ingredient	바지락 1kg, 멸치국물 2컵(p.245 참고), 마늘 다진 것 3쪽 분량, 파 초록 부분 손가락 길이로 썬 것 2개 분량, 물 1L, 소주 1컵(소주컵 기준), 천일염 2큰술, 삼계액젓 1큰술, 칼국수 200~300g, 맛소금(또는 천일염) 약간

Recipe	
1	바지락을 큰 볼에 담고 천일염을 녹인 미지근한 물을 부은 뒤 어두운 곳에 3시간 이상 두었다가 깨끗한 물에 넣고 달그락거리며 10회 정도 깨끗이 씻는다.
2	냄비에 바지락과 멸치국물, 마늘, 파, 소주, 물을 붓고 20분 정도 끓인다.
3	다른 냄비에 물을 끓이고 칼국수를 넣어 90% 정도 익힌다.
4	칼국수를 찬물에 헹구고 체에 밭친다.
5	**2**의 냄비에 칼국수를 넣고 1~2분 정도 더 끓인다.
6	삼계액젓과 맛소금을 넣어 간을 맞춘다. 취향에 따라 삭힌 고추지를 곁들인다.

- 파 대신 쪽파를 사용한다면 쪽파는 어슷하게 썰어서 넣습니다.

- 바지락은 해감이 중요합니다. 보통은 소금물의 농도, 어둡기, 물의 온도를 중요시하지만 그보다 중요한 것은 씻는 방법입니다. 해감을 했다면 바지락끼리 부딪히도록 달그락거리면서 씻어야 그 충격으로 개흙(펄)이 잘 빠집니다.

- 칼국수를 따로 익히고 토렴해주세요. 그래야 칼국수가 쫄깃하고 국물도 맑아집니다.

불고기

| 2~3인 |

직화로 바싹 구운 불고기도 좋지만 당면이나 메밀면을 같이 먹을 수 있는, 국물이 자작한 서울식 불고기는
누구나 좋아하는 맛입니다. 단맛이 나는 고기는 은근히 맛을 내기가 어려운데, 너무 짜거나 달지 않아 어른
아이 할 것 없이 호불호가 없는 레시피입니다. 황동이나 유기 불판에 올려 먹으면 멋진 식당이 부럽지 않은 맛
집이 됩니다.

Ingredient	소고기(불고기용) 300~400g, 표고버섯 2개, 팽이버섯 ¼개, 양파 ½개, 100% 메밀면(또는 당면) 150g, 물 500ml, 청간장(또는 삼계액젓) 1큰술
	양념 │ 골드키위 간 것 1개, 표고버섯 1개, 양파 ½개, 마늘 다진 것 2쪽 분량, 물 50ml, 다시마맛간장 6큰술, 물엿 3큰술, 맛간장 2큰술, 국간장 2큰술, 설탕 1½큰술, 맛술 1큰술, 후추 약간

Recipe	
1	표고버섯은 슬라이스하고 양파는 채 썰고 팽이버섯은 잘게 찢는다.
2	양념용 표고버섯과 양파를 채 썰고, 볼에 분량의 나머지 양념 재료를 넣고 골고루 섞는다.
3	**2**에 소고기를 넣고 6시간 정도 재운다. 여유가 있다면 12시간 정도 재우는 것이 가장 좋다.
4	불판에 **3**을 올리고 **1**의 표고버섯, 양파, 팽이버섯을 올린다.
5	물, 청간장을 섞고 **4**에 조금씩 부어가며 끓인다.
6	메밀면을 70% 정도 익히고 **5**에 넣어 함께 익혀가며 먹는다.

- 파를 넣으면 파의 향이 불고기의 담백한 맛을 없애기 때문에 넣지 않습니다. 소고기를 재우고 나서 불판에 올려 끓여 먹을 때는 파를 넣어도 됩니다.
- 그린키위는 신맛이 강하고 연육 작용이 강해 고기가 녹아버릴 수 있으므로 꼭 골드키위를 사용합니다.
- 소고기는 한우를 추천하며 부드러운 설도 부위가 좋습니다.
- 불고기는 짧은 시간만 재우면 맛이 나지 않으니 6~24시간 정도 재우는 것이 좋습니다.
- 소고기의 양을 2배 늘릴 경우 양념도 2배로 넣으면 너무 짭니다. 특히 골드키위는 그대로 1개만 넣고 다른 양념은 ½ 분량씩 늘려주세요.

오징어삼겹살두루치기

| 2~3인 |

오징어삼겹두루치기, 오징어삼겹제육볶음, 오삼불고기 등 다양한 이름으로 부르지만 오징어와 삼겹살을 맛있게 볶은 요리입니다. 조미료를 넣지 않아도 감칠맛을 낼 수 있는 맛있는 요리입니다. 한번 배워두면 좋아하는 재료를 넣고 다양하게 활용할 수 있고 누구나 쉽게 만들 수 있으니 꼭 알아두세요.

Ingredient 오징어(작은 것) 2개, 대패삼겹살(또는 앞다리살) 150g, 양파 채 썬 것 ½개 분량, 청양고추 어슷하게 썬 것 1개 분량, 대파 1대, 식용유 6~7큰술

양념 | 마늘 간 것 5쪽 분량, 맛간장 7큰술, 물엿 3큰술, 고춧가루 3큰술, 맛술 2큰술, 생강가루 1작은술, 후추 1~1½작은술

Recipe

1 오징어는 껍질을 제거하지 않고 손질한 뒤 슬라이스한다.

2 대파는 7~8cm 길이로 길게 썬다.

3 분량의 양념 재료를 볼에 넣고 오징어, 대파를 넣은 뒤 섞어서 10분 정도 재운다.

4 팬에 식용유를 넉넉히 두르고 3의 오징어와 대패삼겹살을 넣은 뒤 센불에서 익힌다.

5 대패삼겹살이 대충 익으면 양파, 청양고추를 넣고 볶는다.

6 양파가 조금 투명해지면 불을 끄고 토치로 30초 정도 더 익힌다.

• 조금 과하다 싶을 정도로 넉넉하게 두른 식용유가 포인트입니다.

• 양파는 고기가 익어갈 때 넣어야 물러지지 않으니 나중에 넣어주세요.

• 양념에 오랫동안 재울 필요 없는 레시피입니다. 양념에 10분만 재워도 충분히 간이 잘 배어 맛있습니다.

대파삼겹살미나리부침개

| 2~3인 |

우리 집에서 가장 인기 있는 부침개는 대파삼겹살미나리부침개입니다. 저희 아이는 밥을 잘 먹지 않지만 부침개를 무척 좋아해서 자주 만들다 보니 이제 부침개는 남부럽지 않게 잘 만들게 됐습니다. 부침개가 떡이나 과자처럼 만들어진다면 이 레시피를 시도해보세요. 삼겹살을 넣어 돼지기름이 슬쩍 스며든 부침개 1장이 눈 깜짝할 사이에 없어질 거예요.

| Ingredient | 대패삼겹살(또는 차돌박이) 50g, 미나리 50g, 애호박 ⅓개, 양파 ¼개, 대파 ⅓대, 표고버섯 2개, 달걀 1개, 밀가루(박력분 또는 다목적) 10~15큰술, 튀김가루 1큰술, 소금 ½작은술, 포도씨유 적당량, 후추 약간 |
| | 양파장 ∣ 양파 깍둑썬 것 ¼개 분량, 마늘 편으로 썬 것 1쪽 분량, 청양고추 송송 썬 것 1개 분량, 맛간장 10큰술, 식초 2큰술 |

Recipe	1 분량의 재료를 섞어 골고루 양파장을 만든다.
	2 대패삼겹살은 먹기 좋게 0.5cm 너비로 썬다.
	3 애호박은 가늘게 채 썰고 양파도 채 썰고 미나리는 한입 크기로 썰고 대파는 어슷하게 썰고 표고버섯은 얇게 슬라이스한 뒤 2등분한다.
	4 볼에 2와 3을 넣고 달걀, 밀가루, 튀김가루, 소금, 후추를 넣은 뒤 골고루 섞는다.
	5 물을 조금씩 넣으며 농도를 잡는다. 반죽과 재료가 잘 어우러지며 주르륵 흐를 정도면 적당하다.
	6 팬에 포도씨유를 넉넉히 두르고 반죽을 1국자 올린다.
	7 약한 불에서 굽고 노릇해지면 뒤집어서 익힌다.

• 미나리와 대패삼겹살, 양파는 꼭 들어가야 맛있습니다. 나머지는 집에 있는 재료로 변경 가능합니다.

• 부침개는 소금을 넣어 밑간을 해야 맛있습니다. 달걀을 넣으면 좀 더 고소하고 바삭해집니다.

전복죽

| 3~4인 |

어릴 때 곰탕만큼 많이 먹은 음식이 바로 전복죽입니다. 어렸을 때는 자연산 전복을 가득 넣은 그 깊은 맛을 좋아하지 않았지만 자라면서 그 맛이 무척 그리웠어요. 혼자 기억을 더듬어 몇 번 끓여봤지만 추억의 맛이 나지 않았어요. 존경하는 요리 친구이자 요리 선생님인 나영 언니에게 배운 팁인 멸치국물을 활용하니 신기하게도 비린 맛이 사라지고 감칠맛이 생겼습니다. 어렸을 때 외할머니가 만들어주신 전복죽 그대로였어요. 추억이 떠오르는 참 행복한 맛입니다.

| Ingredient | 전복 4개(1개당 100g 정도), 찹쌀 300ml, 멸치국물 1L 이상(p.245 참고), 삼계액젓 1큰술, 참기름 5큰술, 국간장 1큰술, 소금 약간 |

Recipe	
	1 찹쌀은 씻어서 체에 밭친다.
	2 전복은 내장을 분리하고 전복 내장을 가위로 다지듯 자른다.
	3 전복살은 얇게 슬라이스한다.
	4 냄비에 찹쌀을 넣고 전복 내장을 넣는다.
	5 참기름 4큰술, 국간장을 넣고 골고루 섞은 뒤 불을 켜고 볶는다.
	6 어느 정도 내장이 익고 고소한 향이 나면 멸치국물을 부은 뒤 잘 저으면서 끓인다.
	7 국물이 증발하면 멸치국물을 더 붓고 불을 끄기 5~10분 전에 삼계액젓을 넣어 간을 본 뒤 전복살을 넣는다.
	8 모자란 간은 소금으로 하고 참기름 1큰술을 넣어 섞은 뒤 뚜껑을 닫고 약한 불로 전복살을 익힌다.

- 간은 약간 세게 하는 것이 맛있습니다.
- 냄비에 찹쌀과 내장을 넣고 볶을 때 먼저 불을 켜고 볶으면 재료끼리 섞이기 전에 내장이 먼저 익어서 비릿한 맛이 날 수 있습니다. 불을 끄고 내장을 잘 섞은 뒤 불을 켜주세요.
- 국간장은 재료를 볶는 단계에서 넣습니다. 재료를 먼저 볶고 국물을 넣는 국이나 죽을 만들 때 볶는 단계에 국간장을 넣으면 나중에 넣는 것보다 감칠맛이 더 좋습니다.
- 전복살은 오래 익히지 않아야 부드럽고 맛있습니다.
- 멸치국물이 모자란다면 물로 대체해도 됩니다.

닭곰탕과 깍두기

| 3~4인 |

저는 정말 곰탕을 좋아해요. 소고기, 돼지고기, 닭고기 가릴 것 없이 푹 곤 곰탕 자체를 좋아합니다. 보통은 아무것도 넣지 않은 곰탕 본연의 맛을 좋아하지만 닭곰탕만은 고춧가루, 후춧가루를 듬뿍 뿌려서 닭기름에 고춧물이 빨갛게 물들고 후추 향이 스며든 그 맛을 좋아해요. 양념한 닭 고기를 올리면 더 맛있다는 것을 배운 이후 꼭 그렇게 만듭니다. 여름에도, 겨울에도 따뜻한 닭곰탕 한 그릇이면 기운이 날 정도로 무척 맛있어요. 깍두기 레시피는 수없이 많지만 이 레시피는 쉽게 담그기 위해 무 1개 분량으로 만든 레시피입니다. 새콤하게 푹 익혀서 곰탕과 곁들여도 좋고, 익히지 않고 짭짤한 맛으로 칼국수나 고기와 먹어도 맛있어요.

닭곰탕

Ingredient	토종닭 1마리, 마늘 6쪽, 다시마 손바닥 크기 1조각, 파(흰 부분) 1대, 무 4cm 1조각, 찹쌀 350ml, 건능이버섯 2~3개, 양파 ½개, 소금 1~2작은술, 고춧가루 약간, 순후추 약간
	닭고기양념 | 파 초록 부분 다진 것 1대 분량, 마늘 다진 것 1작은술(2쪽 분량), 맛간장 2큰술, 참기름 1작은술, 순후추 약간, 깨 간 것 약간

Recipe

1 찹쌀은 씻은 뒤 체에 받치고 건능이버섯은 끓인 물 400ml를 붓고 30분~1시간 정도 불린다.

2 닭은 꽁지를 제거하고 잘 씻은 뒤 다시마와 함께 압력솥에 넣고 마늘은 2등분하고 파는 5~6cm 길이로 썰고 무는 나박썰기하고 양파는 통째로 압력솥에 넣는다.

3 **2**에 물을 넉넉히 붓고 뚜껑을 덮은 뒤 중불로 익힌다.

4 압력솥의 추가 돌기 시작하면 15분 정도 더 끓이고 추를 젖혀 김을 뺀다.

5 냄비에 찹쌀을 담고 **4**의 닭국물을 400ml 정도 부은 뒤 아주 약한 불로 20~30분 정도 끓여 찹쌀밥을 짓는다.

6 닭고기에서 다리살과 가슴살을 분리해서 찢고 분량의 닭고기양념 재료를 넣은 뒤 골고루 무친다.

7 **6**에서 남은 닭고기와 **1**의 건능이버섯, 버섯 불린 물을 압력솥에 넣고 다시 끓인 뒤 추가 돌기 시작하면 20~30분 정도 더 끓인다.

8 따뜻하게 데운 그릇에 찹쌀밥을 넣고 **7**의 닭국물을 부은 뒤 **6**의 닭고기를 얹고 고 춧가루, 순후추를 뿌린다.

• 대파는 5~6cm 길이로 썰어줍니다. 어슷하게 썰거나 송송 썰면 예쁘지 않아요.

• 후추는 반드시 순후추를 사용합니다.

• 능이버섯을 사용하면 닭 비린내가 사라지고 고급스러운 향이 납니다. 꼭 넣는 것을 추천해요. 양파를 넣으면 은은한 단맛이 더해집니다.

• 닭은 그 자체에 나트륨이 있어서 소금으로 간하지 않아도 됩니다. 취향에 따라 먹을 수 있게 소금을 종지에 담아 냅니다.

깍두기

Ingredient

무(큰 것) 1개, 물엿 75~100㎖, 천일염 2큰술, 맛소금 1½큰술

찹쌀풀(또는 밀가루풀) | 찹쌀가루 1큰술, 차가 운 물 150㎖

양념 | 사과(작은 것) 1개, 배 껍질 벗긴 것 ½개, 양파 1개(150g), 고춧가루 300㎖, 멸치액젓 6큰술, 까나리액젓 6큰술, 새우젓 3큰술, 마늘 15쪽, 매실청 3큰술, 뉴슈가 ½작은술, 부추 (또는 쪽파) 1cm 크기로 송송 썬 것 적당량

Recipe

1   무 분량의 ½은 2~3cm 크기로 깍둑썰기하고 나머지는 어슷하게 썬다.

2   무에 물엿, 천일염, 맛소금을 넣고 1시간 30분 정도 절인 뒤 무를 절인 물은 버린다.

3   냄비에 차가운 물, 찹쌀가루를 넣고 거품기로 잘 갠 뒤 한번 바르르 끓여서 찹쌀이 익고 되직해지도록 찹쌀풀을 만든다.

4   사과, 배, 양파, 멸치액젓, 까나리액젓, 새우젓, 마늘은 푸드프로세서에 넣고 잘 간 뒤 볼에 담는다. 분량의 고춧가루 매실청, 뉴슈가를 넣어 잘 섞는다.

5   3의 찹쌀풀과 부추를 넣고 잘 섞는다. 양념 색이 연하면 고춧가루를 조금 더 넣어 도 된다.

6   절인 무를 넣고 잘 섞는다.

7   김치통에 담는다. 12시간 정도 실온에 두었다가 냉장고에 넣으면 짭짤한 액젓맛 깍두 기가 되고 24시간 정도 실온에 두었다가 냉장고에 넣으면 더 숙성된 깍두기가 된다.

• 깍둑썰기한 무와 어슷썰기한 무를 모두 사용하면 때에 따라 석박지나 깍두기처럼 먹을 수 있습니다. 무를 절인 뒤 너무 짜면 체에 밭치고 흐르는 물에 3초만 씻어주세요.

• 양념에 들어가는 뉴슈가는 1작은술까지 늘려도 됩니다. 마늘은 직접 갈아서 쓰는 것이 좋습니다.

• 양념이 남으면 부추나 쪽파를 넣기 전에 양념만 냉동시킵니다. 냉동한 양념은 사용하기 1일 전에 냉 장실에 넣어 해동하고 부추를 넣은 뒤 깍두기를 담그면 됩니다.

• 물로 쑨 찹쌀풀 대신 건표고버섯과 다시마로 국물을 내서 찹쌀풀을 쑤고 무채와 생강을 더해 양념 을 하면 배추김치용 양념으로도 쓸 수 있습니다.

고추장찌개

| 2~3인 |

지난여름 햇감자가 1박스 들어왔어요. 이 많은 감자로 뭘 하지 고민하다가 고추장찌개를 끓여보았습니다. 물에 빠진 감자를 좋아하지 않는데도 고추장찌개에 들어간 감자는 무척 맛있어요. 엄마나 할머니가 끓여주신 달콤하고 걸쭉한 고추장찌개의 맛이 그리웠다면 꼭 한번 끓여보세요.

Ingredient	돼지고기(삼겹살) 100~150g, 돼지고기(앞다리살) 100~150g, 스팸 200g, 감자 2~3개, 애호박 ½개, 양파 ½개, 마늘 간 것 2쪽 분량, 청양고추 1개(생략 가능), 끓인 물 400ml 이상, 고춧가루 2큰술, 된장 1큰술, 고추장 1큰술, 삼계액젓 1큰술, 설탕 ½큰술

Recipe	
1	감자는 큼직하게 썰고 애호박은 두껍게 어슷하게 썰고 양파는 잘게 썬다.
2	비닐장갑을 끼고 스팸을 쥐어짜듯 부순다.
3	삼겹살과 앞다리살을 냄비에 넣고 핏기가 살짝 남을 정도로 굽는다.
4	2의 스팸을 넣는다.
5	감자, 애호박, 양파, 청양고추를 넣고 재료가 잠기도록 끓인 물을 붓는다.
6	고춧가루, 된장, 고추장, 삼계액젓, 설탕을 넣고 50분 정도 끓인다.
7	불을 끄기 5분 전에 마늘을 넣는다. 국물이 많은 찌개가 좋다면 물을 더 부어도 된다.

• 돼지고기는 기름기가 있는 부위와 살코기를 섞어 넣습니다. 삼겹살은 껍질이 붙어 있는 미박 삼겹살이 맛있습니다.

• 스팸을 손으로 으깨 넣으면 스팸 맛이 강하지 않으면서 감칠맛이 돕니다.

• 액젓은 반드시 삼계액젓을 추천합니다.

• 고추장찌개는 오래 끓이면 맛이 깊어집니다. 최소 40분 정도는 끓여주세요.

• 덜 단맛이 좋다면 설탕을 ⅓큰술까지 줄입니다.

• 마늘은 무조건 마지막에 넣어주세요. 처음부터 넣어서 끓이는 것과는 맛이 달라요.

새우장

| 4~6인 |

9월이 되면 가장 먼저 제철 새우를 준비합니다. 싱싱한 새우로 만들 수 있는 요리 중 가장 쉬우면서 인기 있는 것이 새우장이에요. 간장새우장도 있지만 빨간 양념새우장은 비릿한 맛을 싫어하는 사람들도 다들 좋아합니다. 이 새우장만 있으면 밥 2공기는 거뜬하게 먹을 수 있죠. 껍질을 벗겨서 만들어야 양념이 잘 스며들고 먹기도 편합니다. 그대로 따라 하기만 하면 누구나 성공할 수 있는 정확한 계량의 레시피입니다.

Ingredient	흰다리새우 25마리, 청주 150ml, 참기름 약간, 대파 흰 부분 다진 것 약간
	양념	청양고추 어슷하게 썬 것 1개, 마늘 간 것 2큰술, 고춧가루 6큰술, 물엿 5큰술, 멸치액
	젓 3큰술, 까나리액젓 3큰술, 매실청 3큰술, 다시마맛간장 2큰술, 양조간장(샘표 501) 2큰술,
	꿀 1큰술, 생강가루 ¼큰술, 후추 ¼큰술, 미원 약간

Recipe	**1**	싱싱한 흰다리새우는 머리는 떼지 않고 껍질을 벗긴 뒤 내장을 이쑤시개로 제거하
		고 양념을 만들 동안만 청주에 살짝 담근다.
	2	분량의 재료를 골고루 섞어 양념을 만든다.
	3	**2**의 양념에 **1**의 새우를 넣고 잘 버무린다.
	4	**3**을 밀폐 용기에 담고 2일 정도 냉장실에서 숙성시킨다.
	5	먹기 직전에 참기름과 대파를 넣고 잘 버무린다.

- 최소 2일 정도는 숙성시켜야 새우살에 양념이 잘 뱁니다. 껍질을 제거하지 않으면 1주일이 지나도 양념이 스며들지 않으니 꼭 껍질을 제거해주세요.
- 참기름은 미리 넣지 말고 먹기 전에 넣어 버무립니다.
- 생강가루는 입자가 살아 있는 청정원 제품을 추천합니다.

나의 홈메이드 소스

홈메이드 소스는 쯔유부터 잼까지 여러 가지가 있겠지만 정말 소개하고 싶은 것 5개만 골랐습니다. 맛간장 레시피만 알아도 정말 유용하리라고 자부합니다. 맛간장의 시대라 할 만큼 시판용도 다양하지만 집에서 만드는 것만큼 깨끗하고 믿을 수 있는 건 없어요. 또한 질리지 않고 먹을 수 있는 진한 그릭요거트와 매실철이 오면 생각나는 매실청을 소개합니다. 멸치국물을 맛있게 우리는 방법은 어디에서나 찾을 수 있지만 좀 더 특별한 맑은 멸치국물 내는 법, 우리나라에서는 구하기 힘든 수제 유즈코쇼까지 수록했으니 계절이 돌아올 때마다 한번씩 꺼내고 싶은 책이 되기를 바랄 뿐입니다.

맛간장

혼자서만 알고 싶은 비법 맛간장! 만들기는 어렵지만 사용해보면 끊을 수 없는 편리함과 중독성을 가졌답니다. 베이스 간장으로는 샘표 501양조간장과 701양조간장을 사용해요. 501간장은 701에 비해 달콤하고 부드러우며 701간장은 색이 더 진하고 감칠맛이 좋으며 염도가 더 높아요. 2개의 간장이 들어가는 것이 저의 맛간장 팁이에요. 책에서 소개하는 레시피뿐 아니라 소고기, 삼겹살, 닭을 구울 때도 식용유에 이 맛간장과 생강가루를 약간 뿌려서 구우면 근사한 플레이트가 완성됩니다. 파를 구울 때는 약간 거뭇할 정도로 굽고 태우지 않도록 주의하세요.

Ingredient

국물 재료 | 당근 ½개, 마늘 10쪽, 양파 작은것 3개, 다시마 손바닥 크기 5장, 건표고버섯 20g, 생강 20g, 통후추 1큰술
설탕 700g, 원당(비정제) 150g, 양조간장(샘표 501) 1.72~1.86L(930ml×2개 또는 860ml×2개), 양조간장(샘표 701) 500ml,
맛술 220ml, 청주 150ml, 사과 껍질째 슬라이스한 것 1개, 레몬 껍질째 슬라이스한 것 1개, 파 흰 부분 구운 것 2줄

Recipe

1 국물 재료를 냄비에 넣고 재료가 잠길 정도로 물을 600~700ml 정도 부은 뒤 중약불로 1시간 정도 졸여서 200ml 정도로 만든다.

2 1과 설탕, 원당, 맛술, 청주를 냄비에 넣고 설탕이 녹을 때까지 젓는다.

3 설탕이 대충 녹았으면 양조간장을 넣고 끓이다가 3분 정도 지나 부르르 끓어오르면 불을 끈다.

4 불을 끄고 바로 사과, 레몬, 파를 넣은 뒤 잘 섞고 24시간이 지나면 간장을 걸러서 소독한 병에 넣는다.
 • 간장을 넣고 제대로 끓이지 않으면 상할 수 있으니 꼭 한소끔 끓어 오르고 나서 3분 더 끓인다.

그릭요거트

그릭요거트를 만드는 방법은 무척 다양하지만 조금 덜 시고 꾸덕하고 지방맛 가득한 그릭요거트를 소개합니다. 페이장브레통 휘핑크림을 조금 넣으면 지방 함량이 높아져 더 크리미한 그릭요거트가 됩니다. 요거트는 상하목장의 유기농 요구르트 플레인(400g)을 사용하고 우유는 서울우유의 목장의 신선함이 살아 있는 우유를 사용했습니다. 복용 중인 유산균 캡슐이 있으면 안의 가루만 넣고 잘 저어주면 더 좋아요.

Ingredient

우유 1L, 요거트(유기농) 200g, 휘핑크림(페이장브레통) 5큰술, 유산균 캡슐 1개

Recipe

1 우유, 요거트, 휘핑크림과 유산균 캡슐의 가루를 볼에 넣고 골고루 섞은 뒤 전기밥솥 보온 모드로 30분 정도 둔다. 40분을 넘기지 않도록 주의한다.

2 전기밥솥의 전원을 끄고 뚜껑 닫은 채로 8시간 정도 숙성시킨다.

3 큰 통에 면포를 받치고 2의 요거트를 올린 뒤 12~24시간 정도 유청을 뺀다.
   • 유청을 뺄 때 스테인리스스틸 찜망을 받치면 편하다.
   • 유청을 12시간 정도 빼면 적당히 질감 있는 그릭요거트가 되고 24시간 정도 빼면 꾸덕한 치즈 같은 그릭요거트가 된다.

멸치국물

투명하게 맑은 멸치국물입니다. 집에서 멸치국물을
내면 왜 맑지 않고 뿌옇게 색이 나는지 궁금했을 거
예요. 잔치국수나 다른 국물에 사용하기 좋은 맑고
깊은 멸치국물을 소개합니다.

Ingredient

멸치 20마리(진한 국물을 원한다면 30마리), 다시마 손바닥 크기 1~2장, 물 1.5L

Recipe

1 멸치는 머리와 내장을 제거하고 전자레인지에서 30초 정도 데운다.

2 1을 냄비에 넣고 다시마와 팔팔 끓는 물을 부은 뒤 12시간이 지나면
   사용한다.

   • 멸치를 전자레인지에 데우면 간단하게 수분과 비릿한 향을 제거
   할 수 있다.

   • 저녁에 만들고 다음 날 아침에 사용하면 간편하게 맑은 국물을 쓸
   수 있다.

   • 국물이 급히 필요하다면 모든 재료를 냄비에 넣고 가장 작은 화구
   에서 최대한 약한 불로 1시간 정도 끓인다. 멸치국물은 센불에서
   끓이면 탁해진다.

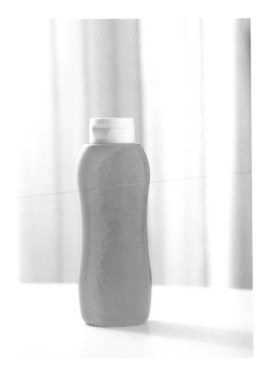

매실청

저희 외할머니는 항상 매실청과 매실주를 직접 담그셨어요. 그 기억 때문인지 저도 매실청을 직접 담그게 되네요. 혹시나 잘못된 방법으로 만들어서 곰팡이가 필까 봐 수년 동안 매실청과 발효에 대해 공부했는데, 그 팁을 알려드릴게요.

Ingredient

황매(왕특) 5kg(씨 뺀 매실 기준 3.3~3.5kg), 설탕 4.3kg, 원당(비정제) 1kg

Recipe

1 매실을 잘 씻어 꼭지를 떼고 매실작두로 씨를 제거한다.

2 설탕과 원당을 섞은 뒤 병에 차곡차곡 붓고 매실을 잘 담는다.

3 설탕과 원당이 잘 녹을 때까지 매일 굴리며 확인한다.

4 100일이 지나면 매실을 건지고 병에 넣는다.
   • 매실을 담그고 1달이 지나도 거품이 올라오면 당이 모자란 것일 수 있으니 설탕을 100g 단위로 조금씩 더 붓는다.
   • 건져낸 매실은 밀폐 용기에 담고 매실 10개에 고추장 ½큰술과 마늘 간 것 2쪽 분량, 참기름 ½큰술을 넣고 무쳐서 고추장매실장아찌를 만든다.

- 매실청은 무조건 황매(남고매실)로 담근 것을 최고로 칩니다. 향기 자체가 청매에 비할 수 없어요. 복숭아처럼 향기롭습니다.

- 발효는 백설탕이 가장 잘됩니다. 자일로스 설탕은 발효가 아예 안 되고, 기타 올리고당을 섞으면 곰팡이가 생길 확률이 높아요. 백설탕을 50% 이상 넣고 원당(비정제)을 섞어도 좋아요. 미생물은 백설탕을 가장 좋아한다고 합니다.

- 밀폐 유리병에 넣으면 폭발합니다. 냉장 발효라도 계속 가스가 나오니 보르미올리 물병 같은 완전 밀폐 유리병은 피하세요.

- 매실 씨앗에는 독의 일종인 시안배당체가 있고 매실은 100일 뒤에 건지거나 몇 년씩 묵혀야 하는데 이 역시 너무 논란이 많습니다. 그래서 아예 씨앗을 빼고 담그는 것이 좋아요. 매실작두를 이용하면 씨 빼는 데 30분도 안 걸리니 씨 빼는 것을 너무 두려워하지 마세요.

유즈코쇼

상큼한 청유자와 맵싸한 고추, 짭짤한 소금이 더해진 일본식 고추페이스트예요. 직역하면 유자후추지만 후추는 들어가지 않아요. 고추를 후추라 부르는 규슈 지방 방언 그대로 붙은 이름이라고 합니다. 제가 좋아하는 한국의 고추지와 닮았지만 유자향이 물씬 돌아요. 튀김을 찍어 먹는 장, 솥밥의 양념장, 우동이나 잔치국수에 살짝 넣으면 향긋하고 맛있답니다. 저는 고기를 좋아해 삼겹살이나 스테이크에 와사비와 함께 곁들여요. 유즈코쇼는 9월 말이나 10월 중순 청유자가 나오는 계절에만 만들 수 있어요. 청유자는 노랗게 익기 전의 덜 익은 유자랍니다. 추석 무렵부터 청유자를 만날 생각에 마음이 설렌답니다.

Ingredient

청유자 1kg(10개 정도), 청양고추 6개, 풋고추 3개, 간수를 잘 뺀 천일염 27g

Recipe

1 청유자, 고추는 잘 씻어서 왁스나 농약을 제거한다.

2 고추는 반으로 갈라 씨와 하얀 줄기를 제거한다.

3 청유자는 감자 필러로 껍질만 얇게 벗긴다. 하얀색 섬유질 부분이 많이 들어가면 쓴맛이 나니 초록 부분만 잘 벗긴다.

4 청유자 껍질, 청유자 과즙 2개 분량, 고추, 천일염을 푸드프로세서로 간다.

5 4를 소독한 병에 넣고 냉장고에서 최소 2주 정도 숙성시킨다. 개봉하기 전에는 냉장실에서 6개월, 냉동실에서 1년 정도 보관 가능하다.

 • 고추는 씨와 하얀 줄기를 잘 제거해야 수분이 생기지 않는다.

시 판 소 스

대부분의 요리책에 요리에 사용한 제품이 정확히 기재되지 않아서 어떤 것을 사용했는지 궁금
했어요. 간장이나 소스는 브랜드나 종류별로 천차만별의 맛을 냅니다. 요리에는 이 점이 중요하
다고 생각해요. 베이스가 되는 소스에 따라 요리의 맛과 향이 바뀌거든요. 그래서 "꼭 이 국간장,
이 소스로 요리하세요"라고 소개하고 싶었기에 브랜드를 표기했습니다. 대부분 오랫동안 인기 있
는 소스이기에 품절의 위험도는 낮은 것들입니다.

한국맥꾸룸 맥국간장

꽤 잘 만든 국간장. 집에서 만든 국간장이 최고지만, 시판 간장 중 가장 호불호가 덜 하고 감칠맛이 좋다. 청정원에서 나온 국간장도 괜찮다. 맑은 국물 낼 때 필수품이다. 조림을 할 때도 달기만 하고 감칠맛이 안 잡힌다면 국간장을 조금 넣으면 감칠맛이 잡힌다.

청정원 청간장

이름은 간장이지만 멸치액젓 향이 콤콤한 액젓이라고 보면 된다. 멸치액젓이나 삼게액젓과는 달리 멸치 향이 강해서 어떤 요리든 1큰술 이내로만 넣어야 한다. 어묵탕이나 잔치국수, 맑은 육수에 이용하면 짧은 시간 안에 깊은 향이 나서 자주 사용한다. 나물을 무칠 때도 좋다.

샘표 양조간장501

우리나라 양조간장의 정석이라고 생각하는 제품. 끝맛이 달콤하고 간장조림을 할 때 색깔도 예쁘게 난다. 간장 속 질소 함량을 의미하는 TN지수가 1.5이고 샘표 양조간장701보다 더 밝은 빛이 나고 약간 더 달콤하며 덜 짜다.

해천 해선간장

300년이 넘은 중국 브랜드 해천에서 나온 해선간장이다. 건조 가리비가 들어가 감칠맛이 좋다. 굴소스를 이용하는 모든 요리에 굴소스 대신 쓰기 좋은데 굴소스 특유의 느끼한 맛이 덜하다. 볶음밥을 할 때도 이용하고 특히 만두를 찍어 먹을 때 치우차우칠리오일, 생강가루, 해선간장만 있으면 맛있는 만두간장을 만들 수 있다.

깃코만 다시마맛간장 2종

다시마맛간장과 다시마맛생간장이 있는데 약간의 성분 차이가 있을 뿐 맛은 비슷하다. 약간의 다시마 추출물이 들어 있어 감칠맛이 좋다. 양조간장과 달리 색이 맑으며 끝맛이 달고 감칠맛이 나서 국물이나 조림에 필수품이다. 우동이나 소바국물을 낼 때도 사용한다.

깃코만 혼쯔유

가다랑어와 다시마를 이용해 잘 만든 시판 쯔유는 부엌의 필수품이다. 이 제품처럼 농축된 쯔유가 더 유용하다. 어묵, 명란, 연어, 달걀이 들어가는 요리에 조금씩 사용하면 일식의 향기가 나서 무척 잘 어울린다.

우리식품 참소스

고깃집에서 고기를 찍어 먹거나 양파절
임에 쓰는 달콤하고 새콤한 옅은 간장이
바로 이 제품이다. 예전에는 대용량 업소
용으로만 구할 수 있었지만 지금은 작은
용량도 쉽게 구할 수 있다. 고기, 만두, 샤
브샤브를 먹을 때 아주 유용하다. 심지어
고깃집에서 나오는 겉절이도 참소스, 마
늘, 설탕, 참기름, 고춧가루만 넣으면 뚝딱
만들 수 있다.

트레이더 조 어니언솔트

건조 양파와 파가 들어간 소금으로 한국
에서 파는 것과 달리 양파 고유의 향이
잘 살아 있어 고기와 잘 어울린다. 팬프라
잉 혹은 오븐에 구울 때 시즈닝으로 사용
해도 좋다.

제인 크레이지 시즈닝솔트

우리 집 시즈닝솔트 중 단연 1등. 세계적
으로 유명한 시즈닝솔트로 아직까지는 직
구로만 구할 수 있지만 딱 하나의 시즈닝
솔트만 사고 싶다면 단연 이 제품을 추천
한다. 닭고기와 무척 잘 어울리는 맛이다.

ISF 향신료

향신료는 브랜드가 중요하지 않다. 바질은 피자나 샐러드, 토마토 요리에 올리브유와 섞어 사용하면 상큼한 향을 낸다. 오레가노는 우리가
흔히 생각하는 토마토소스의 기본이 되는 향기를 가진 허브. 토마토와 짝꿍이라 토마토소스에 넣으면 맛있는 향이 배가된다. 넛맥은 육
두구로 약간은 매콤하면서 달큰한 향이 나는 향신료. 파우더가 사용하기 좋으며, 매시드포테이토를 만들 때 사용하거나 삶은 달걀 요리
에 사용하면 좋은 향을 낸다. 타임은 민트 계열의 향긋한 향신료로 고기나 생선 요리 특히 오랫동안 뭉근히 끓이는 요리를 할 때 넣어주면
깊은 맛이 난다. 로즈메리는 언급한 허브 중 가장 강력한 아로마를 가지고 있다. 그래서 다른 허브보다 소량을 사용해야 한다. 닭고기, 돼
지고기, 소고기 거의 모든 고기와 잘 어울리는 허브다. 마리네이드할 때 사용하면 고기의 잡내를 잘 잡아준다. 딜은 씨앗과 줄기 모두 향신
료로 쓰인다. 특히 건조 딜은 생 딜보다 절제된 숲속의 향기가 난다. 굴, 생선, 버섯, 오이, 마요네즈와 어울려서 소스와 드레싱 등 두루 쓰
기 좋다.

라치나타 스모크드 파프리카

스페인의 유명한 스모크드 파프리카 파우더로 말 그대로 훈연한 파프리카 가루인데 약간의 매콤함과 불 향을 더해줄 때 쓴다. 특히 고기나 생선 요리에 사용하면 다른 향신료에서는 느낄 수 없는 특유의 향기가 식욕을 돋운다.

트레이더 조 레몬페퍼

레몬제스트와 건마늘이 들어간 페퍼솔트로 그라인더가 달려 있어 바로 갈아 먹을 수 있고 신선한 향이 좋다. 마요네즈에 넣어 감자튀김이나 치킨을 찍어 먹어도 좋고 샐러드에 레몬페퍼와 올리브유만 뿌려도 맛있다.

치치스 타코시즈닝

여러 회사의 타코시즈닝이 있지만 이 제품이 가장 보편적인 외식의 향이 난다. 낱개로 팔아서 양도 부담없다. 뿌리기만 하면 되고 새우나 소고기를 구워 토르티야에 싸 먹으면 간단하게 부리토나 타코를 만들 수 있다.

하인즈 케첩, 마요네즈, 옐로머스터드

케첩, 마요네즈, 머스터드는 꼭 하인즈 제품을 사용한다. 특히 마요네즈를 좋아해서 안 먹어본 마요네즈가 없을 정도인데 시판 마요네즈 중 하인즈 마요네즈가 가장 신맛이 덜하고 고소하다.

코즐릭스 스위트&스모키 머스터드

디종머스터드에 스모키한 향과 설탕이 조금 들어간 제품. 마요네즈에 이것만 섞어도 근사한 샌드위치소스나 디핑소스가 된다. 단독으로 스테이크와 곁들여도 좋은 맛.

삼게 멸치액젓

국내 및 해외에서도 쉽게 구할 수 있는 유명한 멸치액젓이다. 비린 맛이나 군내 없이 감칠맛만 잡아줘 요리 초보도 쓰기 좋다. 피시소스 대신 사용하거나 김치 만들 때 멸치액젓 대신 써도 좋고 국이나 찌개, 볶음밥을 할 때도 쓸 수 있으니 꼭 구비하면 좋은 아이템이다.

CJ 하선정 까나리액젓

여러 회사의 제품이 있으나 하선정 까나리액젓이 뒷맛이 깔끔하고 맛이 좋다. 멸치액젓보다 약간 단맛이 특징이다. 김치에 꼭 들어가는 필수품. 국에 쓸 때는 단맛이 강하므로 1큰술 이내로 써야 한다.

청정원 멸치액젓

다양한 상품이 있지만 마트에서 구할 수 있는 제품 중에는 청정원 제품이 뒷맛이 깨끗하고 좋다. 김치를 담글 때 까나리액젓과 멸치액젓을 섞어 쓰면 더 맛있다.

하린이네 산지 방앗간 들기름, 참기름

참기름과 들기름은 너무 타지 않게 볶은 것을 사용하면 좋다. 생 들기름은 고온으로 착유하는 것이 아닌 저온에서 착유한 들기름을 말한다. 보통의 들기름보다 연한 노란색을 띠는 게 특징이다. 솥밥은 물론 샐러드도 생 들기름과 올리브유를 섞고 소금, 후추로만 간해도 맛있다.

오뚜기 라조장 산초

우리가 흔히 아는 마라 향이 가득한 라조장이다. 산초와 양파 2종류의 맛이 있다. 건더기와 오일을 라면에 넣거나 볶음밥에 곁들여도 맛있다. 만두에 치우차우칠리오일이나 라조장 약간, 흑식초, 해선간장, 생강가루(또는 생강채)를 섞어 만든 간장을 찍어 먹어보길 권한다.

이금기 치우차우칠리오일

고추씨와 건더기가 있는 고추오일로 매콤한 맛이 특징이다. 집에서 직접 만든 고추오일만큼 맛있다.

이금기 두반장

고추와 콩을 발효시켜 만든 소스로 생각
보다 짠맛이 강해 2큰술 이상 쓰면 너무
간이 세다. 마파두부나 중국 요리, 찜 요
리를 할 때는 대체품이 없을 만큼 필수품
이다.

이금기 프리미엄 굴소스

여러 브랜드가 있지만 이금기나 청정원
제품을 즐겨 사용한다. 굴 함량이 높을수
록 감칠맛이 좋아지니 굴 함량을 확인하
고 사는 것이 좋다. 요새 잘 쓰는 튜브 형
태의 굴소스다.

청정원 생강가루

입이 마르고 닳도록 추천하는 청정원 생
강가루다. 동결건조해 입자감이 있어 생
강 원물을 쓸 때만큼 향이 좋고, 생강이
씹히지 않아 호불호도 덜하다. 생강가루
는 꼭 이 제품을 구매해보길!

사랑과정성 요리맛샘, 청정원 맛술

여러 브랜드가 있지만 청정원의 맛술과
사랑과정성의 요리맛샘 2가지를 추천한
다. 특히 요리맛샘은 성분이 좋아서 가격
이 있지만 추천하는 제품이다. 타사의 요
리술은 쓴맛이 나거나 알코올 함량이 너
무 높아 이 제품을 추천한다.

해찬들 태양초 골드 고추장

떡볶이를 만들 때는 꼭 해찬들 고추장을
쓴다. 쓴맛이 적고 달콤한 맛을 낸다. 떡
볶이 맛은 고추장이 크게 좌우한다.

청정원 소갈비양념

마트에서 쉽게 구할 수 있는 소갈비 양념
이다. 과일을 갈아 넣거나 설탕이 들어가
거나 달콤한 맛의 간장이 들어가는 요리
에 과일, 설탕 대신 넣으면 요긴하다. 달콤
한 생선조림이나 불고기, 갈비찜에도 과
일 대신 살짝 넣으면 맛있다.

줄리아노 타르투피 트러플오일 스프레이

트러플오일은 무척 다양하지만 스프레이 형태나 200ml 이내의 소용량 트러플오일을 추천한다. 비싼 오일을 사도 결국 성분은 5% 미만의 향이 들어간 향 오일일 뿐이다. 보관 시 향이 계속 휘발되기 때문에 대용량이나 3만 원이 넘는 트러플오일은 추천하지 않는다. 휘발되는 특성이 있으니 트러플오일이나 트러플살사를 사용할 때는 미리 넣지 말고 요리의 마무리 단계에 사용한다.

줄리아노 타르투피 트러플소스

줄리아노의 트러플살사라고도 불리는 트러플소스다. 시중 트러플소스는 대부분 양송이버섯이나 블랙올리브페이스트가 주성분이고 약간의 트러플 향이나 파우더가 조금 들어가서 너무 비싼 트러플소스는 추천하지 않는다. 이 제품은 가성비가 아주 좋은 트러플소스다.

S&B 산초가루

톡 쏘는 산초가루는 미소나 된장, 장어나 연어 같은 생선 요리에 빠질 수 없는 향신료다. 시트러스한 허브 향이 물씬 나서 호불호가 있을 수 있다. S&B에서 나온 제품이 용량도 작고 보관이 편리하다.

프랭크스 레드핫 윙 소스 버팔로

유명한 프랭크스 핫소스다. 특히 버팔로 맛이 버터의 향기가 진하게 나 맛있다. 고기를 찍어 먹거나 튀긴 윙이나 치킨에 버터 1큰술과 이 소스를 버무려 내면 근사한 맛이 난다.

집에서 외식

1판 1쇄 발행 2021년 12월 14일
1판 6쇄 발행 2023년 6월 26일

지은이 주현지
편집인 김옥현

사진 한정수(studio etc)
디자인 백주영
마케팅 정민호 김도윤 한민아 이민경 안남영 김수현 왕지경 황승현 김혜원 김하연
브랜딩 함유지 함근아 박민재 김희숙 고보미 정승민
저작권 박지영 형소진 최은진 오서영
제작 강신은 김동욱 임현식 이순호
제작처 더블비

펴낸곳 (주)문학동네
펴낸이 김소영
출판등록 1993년 10월 22일 제2003-000045호
임프린트 테이스트북스 taste BOOKS

주소 10881 경기도 파주시 회동길 210
문의전화 031)955-2696(마케팅), 031)955-2690(편집)
팩스 031)955-8855
전자우편 editor@munhak.com
인스타그램 @tastebooks_official

ISBN 978-89-546-8413-2 13590

• 테이스트북스는 출판그룹 문학동네의 임프린트입니다.
  이 책의 판권은 지은이와 테이스트북스에 있습니다.
  이 책 내용의 전부 또는 일부를 재사용하려면 반드시 양측의 서면 동의를 받아야 합니다.
• 잘못된 책은 구입하신 서점에서 교환해드립니다. 기타 교환 문의: 031) 955-2661, 3580

www.munhak.com